우주 덕후 사전

우주 덕후 사전
❶ 덕후력 기초

초판 1쇄 발행 2019년 7월 15일
초판 4쇄 발행 2022년 6월 22일

지은이 이광식

펴낸이 양은하
펴낸곳 들메나무 출판등록 2012년 5월 31일 제396-2012-0000101호
주소 (10893) 경기도 파주시 와석순환로 347, 218동 1102호
전화 031) 941-8640 팩스 031) 624-3727
이메일 deulmenamu@naver.com

값 15,000원 ⓒ이광식, 2019
ISBN 979-11-86889-18-3 04440
　　　　979-11-86889-17-6 (세트)

이 도서의 국립중앙도서관 출판예정도서목록(CIP)은 서지정보유통지원시스템 홈페이지(http://seoji.nl.go.kr)와 국가자료공동목록시스템(http://www.nl.go.kr/kolisnet)에서 이용하실 수 있습니다.(CIP제어번호: CIP2019025209)

21세기는 우주 덕후들의 시대

우주덕후사전

이광식 지음

①
덕후력
기초

들메나무

✧

✧

우주에 좀 더 가까워지려는 이들에게

이 책을 바친다.

✧

제 마음속에 품었던 씨앗을 옮겨 심고자 합니다

> 지혜로운 사람은 모든 땅에 갈 수 있으니,
> 훌륭한 영혼에게는 온 우주가 조국이기 때문이다.
> ◆ 데모크리토스 | 고대 그리스의 철학자

저는 '우주 덕후'입니다.

제가 우주 덕후의 길을 걸어야겠다고 마음을 굳힌 것은, 이대로 정신없이 일만 하고 살다가 어느 날 갑자기 우주로 떠난다면 너무 억울할 것 같다는 생각에 생업을 접고 강화도 퇴모산으로 들어간 후부터였습니다.

'덕후들의 용어'로 표현하면 그때 비로소 '덕밍아웃'을 한 셈입니다. 그 이전에는 한국 최초의 천문 잡지인 〈월간 하늘〉을 창간해 3년여 발행하기도 했습니다.

저는 많은 사람들에게 '우주 이야기'로 말을 걸길 원했습니다. 하지만 대부분의 사람들은 제 이야기를 귀 기울여 듣지 않았습니다. 쓸모없어 보인다는 이유 때문입니다.

이젠 시대가 달라졌습니다. 우리에게 우주는 더 이상 쓸모없는 이야기가 아닙니다. _____

저에게 우주 덕후의 씨앗을 처음 심어준 사람은 스무살 청년이던 큰형님이었습니다. 저는 그때 고작 열 살 남짓한 소년이었고요. 저는 형님이 심어준 씨앗을 마음속에 소중히 간직하며 살았습니다.

제가 꾸준히 책을 쓰고 강의를 하러 다니는 것도 제 마음에 품었던 그 씨앗을 누군가의 마음에 다시 옮겨주고 싶기 때문입니다. 우리의 마음과 마음이 그렇게 연결된다면, 우리가 바라보는 저 우주와도 보다 가깝게 연결될 것입니다. 그것은 제가 가장 바라는 일입니다.

그렇다면 저는 왜 '우주 이야기'를 퍼뜨리지 못해 안달이 난 걸까요? 그것은 체험의 강렬함 때문입니다. 내가 살고 있는 이 동네 바깥으로 광대하고 놀라운 세계가 펼쳐져 있다는 것을 아는 순간, 우리의 삶은 그 이전과는 어떤 의미로든 같지 않다는 것을 저는 강렬하게 체험했기 때문입니다.

그만큼 우주를 알기 전의 나와 그 후의 나는 분명 다릅니다.

하지만 모든 지혜의 문은 지식의 터널을 건너는 곳에 자리합니다. 무지한 상태에서 지혜를 얻을 순 없습니다. 저는 우주가 주는 한량없는 지혜를 얻기 위해서는 지식의 터널을 기꺼이 건너가야 한다고 생각합니다.

이 책은 저와 같이 '우주 덕후'의 길을 가고 싶은 사람들을 위해 준비되었습니다.

우리가 사는 태양계, 우리은하, 별과 성운, 빅뱅과 블랙홀, 우주의 생과 종말 등, 우주에 관한 가장 핵심적인 사항인 '우주 에센스 200개'를 엄선해 질문도 하고 대답도 합니다.

책은 쉽습니다. 제가 어려운 이야기를 싫어하기 때문입니다.

사실 아무리 좋은 이야기라도 어려운 이야기를 듣는 것은 고역입니다.

구글보다 못한 책은 만들고 싶지 않았기에,
최근의 연구 성과를 모두 뒤지고
최신 사진 자료를 활용했습니다.
모든 것을 최적화하고 싶은 욕심이 있었습니다.

또한 차 안에서든, 여행지에서든, 어디를 가든 늘 손에 들고 다니면서 부담없이 읽을 수 있었으면 하는 바람이 있었습니다. 어느 쪽을 펴고 어디를 읽어도 좋습니다. 마음 가는 대로 따라가세요. 모쪼록 이 책이 덕후의 길로 진입하는 데 좋은 안내자가 되길 원합니다. 덕후들의 세상은 아름답습니다.

● 강화도 퇴모산에서 지은이 씀

철학자 칸트는 레전드 우주 덕후
- 태양계

우리와 가장 친한 별
– 지구와 달

chapter 3

지구의 친구들을 소개합니다
– 암석형 행성 : 수성·금성·화성

먼 곳에 있는 친구들 소식
– 가스형 행성 : 목성·토성·천왕성·해왕성

chapter
5

chapter
6

우리가 꿈꾸는 신비가 숨어 있다
- 소행성과 혜성

태양이 뜨거워 눈물 나 봤나요?

태양

태양은 아침에 뜨는 별일 뿐이다.

| 헨리 데이비드 소로 • 미국의 사상가·문학자 |

1 태양은 얼마나 오래 된 건가요?

A 태양은 밤하늘에서 반짝이는 별들과 똑같은 별의 하나다. 태양이 태양인 까닭은 다른 별들에 비해 지구에 아주 가깝게 있다는 이유 딱 하나뿐이다. 그래서 〈월든 호수〉를 쓴 헨리 소로는 태양을 아침에 뜨는 별이라고 불렀다.

지구에서 태양까지의 거리는 약 1억 5천만km로, 초속 30만km의 빛이 8분 20초 만에 갈 수 있는 거리다. 태양 다음으로 가까운 별은 프록시마 센타우리[*]라는 별로, 거리가 4.2광년이다. 이것은 얼추 잡아도 40조km가 넘는 아득한 거리로, 지구–태양 간 거리의 27만 배나 된다. 이처럼 다른 별들에 비해 태양이 엄청 가까이 있기 때문에 사람을 비롯한 지구의 생명체들은 그 에너지를 받아 삶을 이어가는 것이다.

태양이 태어난 것은 지금으로부터 약 46억 년 전이다. 태양계 초창기에 생겨나 우주를 떠돌다가 지상에 떨어진 운석은 원시 태양계의 물질을 그대로 가지고 있는데, 그 속에 포함된 방사성 물질을 방사성 연대 측정법으로 조사하면 대개가 46억 년 전에 만들어진 것으로 나온다. 그 무렵 성간 공간을 떠돌던 지름 2~3광년 크기의 수소 구름(태양계 성운)이 갑자기 중력붕괴^{**}를 일으켜 회전운동을 시작했는데, 이는 근처에서 초신성^{***}이 폭발하

---

* 센타우루스자리 알파별인 리길 켄타우루스의 동반성으로, 태양으로부터 가장 가까운 곳에 있는 항성이다.

** 중력에 의한 영향으로 무거운 천체가 중심방향으로 떨어지는 것. 중력붕괴는 우주구조 형성에 있어 중심적인 현상으로, 중력 균형을 이루어 고루 분포되어 있던 물질이 마침내 붕괴하여 은하단이나 성단, 항성, 행성 같은 구조를 만들어낸다.

*** 질량이 태양보다 큰 별의 일생 중 마지막 단계. 최종적으로 초신성 폭발을 일으킨다. 이 과정에서 엄청난 빛을 내기 때문에 마치 새로운 별이 생기는 것처럼 보여 초신성이라 한다.

▶ 별의 잉태 상상도. 거대한 수소가스의 소용돌이 속에서 아기별이 태어나고 있다. 태양도 46억 년 전 이 같은 과정을 거쳐 태어난 별이다. (University of Copenhagen/Lars Buchhave)

는 바람에 그 충격파의 영향을 받았기 때문으로 과학자들은 보고 있다:

이 거대한 수소 공이 회전하면서 서서히 원반 형태를 만들어갔고, 이윽고 여기서 태양 별과 행성들, 위성과 소행성 등의 태양계 천체들이 생성되어 태양계라고 불리는 하나의 항성계를 형성하여 오늘에 이르고 있다.

참고로, 지구를 초록 별이라고도 하지만, 일반적으로 별이라고 하면 태양처럼 스스로 빛을 내는 항성恒星, 곧 붙박이별을 가리킨다. 이에 비해 지구 같은 행성은 떠돌이별이라 한다. 가끔씩 보이는 혹성惑星이란 말은 행성의 일본말이니 안 쓰는 게 좋다.

우주에 관한 단위, 개념, 약어

우주에 관한 개념 중 가장 기본적인 것이 '거리'다. 먼저 지구에서부터 시작해보자. 만약 당신의 차 주행계가 200,000을 가리킨다면 그 차는 지구를 5바퀴만큼 달렸다는 뜻이다. 지구 둘레는 딱 40,000km니까. 이는 미터법을 만들 때 지구 둘레를 기준으로 삼았기 때문이다. 따라서 지구 지름은 약 12,750km다.

주행계가 천문학적으로 의미 있는 다음 숫자를 찍는다면 300,000(km)이다. 바로 빛이 1초에 달리는 거리다. 그 다음 숫자는 380,000(km)이다. 지구에서 달까지의 평균 거리다. 이 거리는 지구를 징검다리처럼 30개쯤 늘어놓으면 닿는 거리다. 주행계로 그 다음 의미 있는 숫자를 찍기는 어렵다. 태양까지의 거리는 달까지 거리의 약 400배나 되는 1억 5천만km이기 때문이다. 이 거리를 1천문단위(astronomical unit)라 하고, 줄여서 AU라 쓴다. 태양계를 재는 잣대라 할 수 있다.

우주로 나가면 이 잣대도 너무 짧아 쓸모가 거의 없다. 그래서 광년을 쓰는데, 1광년은 진공 속을 초속 30만km로 달리는 빛이 1년간 가는 거리로, 약 10조km쯤 된다. 빛이 1분간 가는 거리는 1광분, 1일 동안 가는 거리는 1광일이라 한다. 광년(Light Year)을 줄여서 LY라 쓴다.

광년과 같이 잘 쓰는 단위로는 파섹(parsec)이 있는데, 연주시차가 1초(″)인 거리로서, 1pc은 3.26광년이다. 기호는 pc, psc를 사용한다. 시차(parallax)와 초의 두 낱말에서 머리를 따서 만든 말이다. 별의 절대등급은 천체들이 10pc의 거리에 있다고 가정한 밝기이다. 1,000pc은 1kpc이라고 한다. 1,000,000pc은 1Mpc라고 한다.

천문학 책에 자주 나오는 아래의 약어는 기억해두기 바란다.
 • NASA : National Aeronautics & Space Administration. 미국항공우주국.
 • ESA : European Space Agency. 유럽우주국.
 • JAXA : Japan Aerospace eXploration Agency. 일본 우주항공연구개발기구
 • RSA, RKA : Roscosmos. 러시아 연방우주국(로스코스모스)
 • KARI : Korea Aerospace Research Institute. 한국항공우주연구원

2 태양의 크기와 무게, 그리고 태양까지의 거리를 실감나게 알 수 있나요?

A 먼저 지구에서 태양까지의 거리를 1천문단위(AU: Astronomical Unit)라 하는데, 약 1억 5천만km로, 초속 30만km로 달리는 빛이 8분 20초 걸리는 거리다. 이는 지구 – 달 거리인 38만km의 400배나 되는 거리로, 시속 100km로 달리는 차를 타고 밤낮으로 달리면 약 170년이 걸리는 엄청난 거리다. 지금 바깥으로 나가 눈부시게 빛나는 하늘의 태양을 한번 바라보라. 낮에 당신이 볼 수 있는 물체 중 가장 멀리 있는 물체인 그 불덩어리가 바로 1억 5천만km 떨어진 거리에 있음을 실감해보기 바란다.

구체인 태양의 크기를 알자면 우선 지름부터 알아야 한다. 지름은 약 139만km로, 지구의 109배 정도가 된다. 고려시대 엽전으로 해동통보

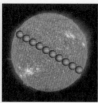

▶ 태양의 크기. 태양과 목성, 지구, 달의 크기를 비교해본 그림. (wiki)

란 게 있는데, 가운데 네모난 구멍의 한 변이 약 5mm다. 이것을 손가락으로 잡아 눈에서 50cm쯤 떨어뜨려 태양을 겨누면 그 구멍 안에 태양이 쏙 들어간다. 이걸로 비례식을 세우면 태양의 지름을 구할 수 있다. 곧 150,000,000km : X km = 50cm : 5mm. 이것을 계산하면 150만km가 나오는데, 이 정도면 훌륭한 근사치라 할 수 있다. 지구와 태양 크기의 차이를 실감하자면, 지구가 지름 2cm의 바둑알이라면 태양은 지름이 2m가 넘는 트레일러 바퀴라 할 수 있다.

부피는 3제곱이므로 109의 3제곱을 계산하면 된다. 실제로는 지구 부피의 약 139만 배나 된다. 하지만 질량은 지구의 33만 배 정도로, 덩치에 비해선 그다지 무겁지 않은 편이다. 대부분 수소와 헬륨으로 이루어져 평균밀도가 약 1.4로, 지구의 4분의 1밖에 안되기 때문이다. 그래도 실제 질량은 약 2×10^{30}kg으로, 지구 질량의 333,000배나 된다. 이 차이를 실감하자면, 태양이 13톤 덤프트럭이라면 지구는 400g짜리 참외 한 개라고 보면 된다.

태양 질량을 이루고 있는 물질은 수소 73%, 헬륨 25%, 나머지 2%는 산소, 탄소, 철 등이 차지한다. 우주에 존재하는 대부분의 별들도 이와 비슷한 물질 비율로 되어 있다.

태양 질량이 태양계 전체 질량에서 차지하는 비율은 어느 정도 될까? 놀라지 마시라. 무려 99.86%에 달한다. 지구를 포함한 8개의 행성과 수백 개의 위성들, 수천억 개를 헤아리는 소행성들을 다 합해봤자 겨우 0.14%밖에 안된다는 얘기다. 그나마 가장 큰 행성인 목성과 토성이 나머지의 90%를 차지한다고 하니, 우리 70억 인류가 사는 지구는 그야말로 곰보빵에 붙어 있는 부스러기 하나라고 하겠다.

3 태양은 어떻게 만들어져서 빛나게 되었나요?

A 한 46억 년 전쯤 우리은하의 어느 성간 영역에서 일단의 거대한 원시 수소 구름(뒤에 천문학자들이 이것을 태양계 성운이라 이름 붙였다)이 부근에서 초신성이 터진 충격파로 인해 중력 균형이 무너지면서 서서히 회전운동을 시작했다고 한다. 바야흐로 태양이 잉태되는 순간이다. 수소로 이루어진 이 원시구름은 지름이 무려 32조km, 3광년을 웃도는 크기였다. 인간의 수명을 1백 년으로 잡고 초로 환산하면 약 30억 초다. 그러니 32조란 상상을 초월하는 크기다.

이 거대 원시구름이 중력으로 뭉쳐지면서 제자리 맴돌기를 시작했고, 원심력 때문에 얇은 원반 모양으로 변해갔다. 각운동량 보존 법칙*에 따라 가스 원반은 뭉쳐질수록 회전속도는 점점 더 빨라지게 되었다. 피겨 선수가 회전할 때 팔을 오므리면 더 빨리 회전하게 되는 원리와 같다. 그리하여 3천만 년쯤 뺑뺑이를 돌다 보니 수축이 진행되면서 중심부에 볼록한 팽대부가 형성되었고, 이윽고 그것이 지금의 태양 크기로 뭉쳐지기에 이르렀다.

가스 공의 중심에는 온도와 압력이 계속 높아가면서 고온-고압의 영

---

* 계의 외부로부터 힘이 작용하지 않는다면 계 내부의 전체 각운동량이 항상 일정한 값으로 보존된다는 법칙이다.

역이 만들어지게 되는데, 1천만K의 고온에 이르면 '사건'이 일어나게 된다. 이른바 수소 원자핵이 서로 충돌하여 헬륨 원자를 만드는 핵융합 반응이 일어나면서 아인슈타인의 $E=mc^2$의 방정식에 따라 핵 에너지를 방출함으로써 가스 공에는 반짝 하고 불이 켜지게 된다. 이것이 바로 스타 탄생이다! 모든 별은 이런 과정을 거쳐 태어난다.

최초 태양계 성운의 각운동량은 25일마다 한 바퀴 자전하는 태양의 자전운동을 비롯, 태양계 모든 천체의 운동량으로 아직껏 남아 있다. 그래서 태양 자전축을 중심으로 한 평면상의 궤도를 따라 돌고 있는 것이다. 지금도 현재진행형인 지구의 자전, 공전 역시 원시 구름의 회전운동량에서 나온 힘이다. 우리는 이처럼 장구한 시간의 저편과 엮여져 있는 존재인 것이다.

참고로, 현재 태양은 항성 진화과정 중 주계열 단계^{**}에 있으며, 제3세대 별로 알려져 있다. 구성 성분은 태양 질량 약 4분의 3이 수소, 나머지 4분의 1은 대부분 헬륨이고, 총질량 2% 미만이 산소, 탄소, 네온, 철 같은 무거운 원소들로 이루어져 있다.

태양 흑점은 왜 검게 보이나요?

난생 처음 천체망원경을 손에 넣으면 흥분된 마음으로 대뜸 태양 흑점을 보겠다고 주경을 태양으로 겨누는 사람이 더러 있다. 위

---

* 절대 영도에 기초를 둔 온도의 측정단위. 캘빈 온도라고도 한다. 섭씨온도와 관계는 섭씨온도에 273.15를 더하면 된다.

** 별의 중심부에서 수소의 핵융합 반응이 일어나는 전체적인 진화단계. 별의 일생 중 90% 이상의 긴 시간을 차지한다. 보통 별들은 주계열 단계에서 중심부에서 수소를 헬륨으로 전환시키며 보낸다.

험천만한 일이다. 어느 망원경에든 이런 딱지가 붙어 있다. "이 망원경으로 태양을 바로 보지 마시오. 눈에 영구 장애를 초래할 수 있습니다." 말하자면 실명할 수도 있다는 뜻이다. '눈 내리 깔앗!' 그만큼 태양은 절대 지존이시다. 반드시 주경 앞에 태양 필터나 흑색 필름을 대고 태양을 봐야 한다. 중요한 사항이니 특히 어린 자녀들에게 잘 교육해야 한다.

태양의 빛나는 표면을 광구라 하는데, 온도가 약 6천K에 이른다. 흑점은 주변 광구에 비해 1,500K 정도 온도가 낮아 어둡게 보이는 것이다. 하지만 태양 표면에서 흑점만을 꺼내놓고 본다면 3,500K가 넘는 심홍빛의 가스는 보름달보다 밝다.

태양 흑점은 왜 생기는가? 정답은 태양의 복잡한 자기마당 현상에서 비롯된다는 것이다. 지구나 태양은 하나의 거대한 자석이기 때문에 남북으로 길게 자기마당을 형성하고 있다. 가스체인 태양은 대략 적도에서는 25일, 극지에서는 34일에 한 번씩 자전한다. 그러니까 상체와 하체가 따로 노는 꼴이다. 이 자전주기의 차이로 인해 자력선이 꼬이게 되고, 태양 표면의 대류를 억제하여 흑점을 만든다. 자기마당의 흐름이 바뀌면 흑점 역시 사라진다. 흑점의 크기는 다양하여 작은 것은 16km짜리도 있지만, 큰 것은 지구 10개가 퐁당 들어갈 만한 160,000km나 되는 것도 있다. 흑점은 매년 일정하게 발생하는 것이 아니라 11년을 주기로 흑점 수가 증감한다.

그렇다면 역사상 태양 흑점을 가장 먼저 발견한 사람은 누구일까? 이탈리아의 갈릴레오 갈릴레이가 1613년 망원경으로 태양 흑점을 최초로 발견했다고 주장하지만, 이미 그 전에 여러 발견자들이 있었음이 밝혀졌다. 갈릴레오는 망원경에 의한 지속적인 관측으로 흑점이 동쪽에서 서쪽으로 가로질러 움직이는 것을 발견했으며, 흑점이 서쪽 가장자리에 도달해서 사라진

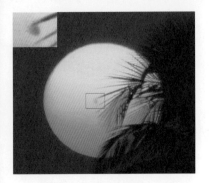

다음 2주일쯤 후에 같은 흑점이 동쪽 가장자리에서 다시 나타난다는 사실을 알아내고, 태양이 지구와 같이 자신의 축을 중심으로 약 4주에 한 바퀴씩 자전하고 있다고 생각했다. 갈릴레오는 만년에 종교재판을 받고 자택에 종신 유폐되었는데, 얼마 후에는 눈까지 멀고 말았다. 이때의 강도

▶ 맨눈으로 본 태양 흑점. (wiki)

높은 태양 관측 때문이라고 한다.

기록으로 볼 때 태양 흑점의 최초 발견자는 중국인일 가능성이 아주 높다. 2,000년쯤 전 사막에서 날아온 모래먼지가 하늘을 뒤덮어 태양을 직접 볼 수 있을 때, 중국인들이 이 흑점을 관측했다는 기록이 남아 있다. 그래서 중국인들은 태양에 다리가 셋 달린 까마귀, 곧 삼족오三足烏가 살고 있다고 상상했다.

5 태양은 에너지를 얼마나 생산하나요?

A 20세기 초까지만 해도 태양이 무엇을 태워 저렇게 뜨거운 열을 내고 있는지 정확히 아는 사람은 하나도 없었다. 어떤 과학자는 엄청난 석탄이 타고 있을 거라는, 웃지 못할 추측을 내놓기도 했다. 그러나 석탄을 태울 경우 6천 년이면 석탄이 동날 거라는 계산서가 나오는 바람에 그 가설은 이내 폐기되었다.

태양이 무엇으로 저 막대한 에너지를 생산해내는가, 하는 문제에 처음

으로 답을 알게 된 것은 2차대전 발발 직전인 1938년의 일이다. 이 항성의 에너지원을 최초로 밝힌 사람은 독일 태생의 미국 물리학자 한스 베테(1906~2006)였다. 그가 1938년 별 내부에서 수소가 헬륨으로 변환되는 핵융합에 관한 'CN 연쇄 이론'을 발표함으로써 별의 에너지는 핵융합에서 나온다는 사실이 밝혀졌다. 수천 년 동안 별이 반짝이는 이유를 알지 못했던 인류는 베테의 덕으로 비로소 그 이유를 알게 되었던 것이다.

태양은 중심부에서 매초 5억 8400만 톤의 수소를 5억 8000만 톤의 헬륨으로 바꾸며, 아인슈타인의 $E=mc^2$의 방정식에 따라 0.7%의 결손질량인 400만 톤이 에너지로 전환된다. 융합 작용으로 풀려나온 에너지는 감마선(고에너지 양성자) 형태로 방출되는데, 무수한 원자들과 부딪치면서 태양 표면까지 탈출하는 데는 약 1만~1만 7천 년이 걸린다. 그러니까 지금 우리 얼굴을 따뜻하게 만들어주는 태양 광자는 적어도 1만 년 전에 태양 중심부에서 생산된 에너지란 뜻이다.

이처럼 태양이 생산하는 에너지는 핵 에너지로서, 태양은 자연적인 핵 발전소라 볼 수 있다. 이 발전소는 매초 400만 톤이란 엄청난 질량을 소비하지만 태양이 가진 수소의 양이 1.5×10^{27}톤이나 되기 때문에 앞으로도 수십억 년 동안 에너지를 생산할 수 있다. 수소 원자와 우주는 이렇게 연결고리를 이루고 있는 것이다.

태양이 1초에 생산하는 에너지는 70억 지구의 인구가 100만 년을 소비하

▶ AR 1476이라고 알려져 있는 괴물 태양흑점. 2012년에 발견됐으며 지금 100,000km 이상인 것으로 측정됐다. NASA의 태양활동관측 탐사선이 아닌 웬만한 장비로도 볼 수 있을 정도의 크기다. (NASA/SDO)

고도 남는 양이다. 이 에너지 중 지구에 쏟아지는 양은 약 20억분의 1로 알려져 있다. 우리가 매일 보는 하늘의 저 태양은 이처럼 어마무시한 존재다.

6 태양을 쪼개면 어떤 구조가 나올까요?

A 태양은 여러 층의 구조물들이 둘러싸고 있는 형태인데, 가장 안쪽부터 중심핵, 복사층, 대류층, 광구의 차례로 포개져 있으며, 그 위쪽으로는 채층, 코로나, 홍염 등을 볼 수 있다.

중심핵은 지름이 지구의 약 30배인 35만km인데, 수소가 헬륨으로 변하는 핵융합 반응이 일어나는 곳으로, 약 2천억 기압에, 온도는 1,400만K, 밀도는 물의 150배쯤 된다.

핵의 바깥쪽에 있는 복사층은 태양 부피의 대부분을 차지하며, 내부 물질이 뜨겁고 농밀해, 중심핵의 뜨거운 열을 바깥으로 전달하는 열복사가 일어나기에 충분한 환경으로, 핵에서 만들어진 에너지가 복사 에너지 형태로 방출되는 구간이다.

복사층 바깥에는 대류층이 존재하는데, 이곳에서는 태양의 에너지가 대류에 의해 바깥쪽으로 전달된다. 우리 눈에 보이는 태양의 표면은 바로 이 대류층의 바깥쪽 표면을 말하며 광구光球라고 한다. 광구에서는 흑점과 쌀알 무늬 등을 볼 수 있다.

광구 바로 바깥쪽에 있는 채층은 태양의 대기 중 최하층으로 불그스름하게 보이는 수소 가스층이다. 두께가 수천km인 채층은 광구에 비해 시각적으로 투명하며, 채층의 바깥에는 코로나가 있다. 채층은 일식의 시작과 끝 부분에서 색깔 있는 빛이 번쩍거리는 형태로 보이는 데에서 이런 이름이 붙었다. 채층의 온도는 고도가 높아지면서 점차 올라가며 최상단에서는 2만K까지 치솟는다.

코로나는 태양의 가장 바깥을 싸고 있는 플라스마 대기로, 부피 면에서 태양 본체보다 훨씬 크다. 이 코로나에서 태양풍이 형성되어 태양계 전체를 채우고 있다. 코로나와 태양풍의 평균온도는 약 100만 ~200만K이지만, 가장 뜨거운 영역

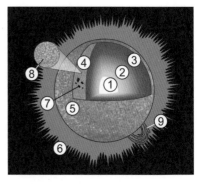

▶ 태양의 내부 구조. 1. 중심핵 2. 복사권 3. 대류권 4. 광구 5. 채층 6. 코로나 7. 흑점 8. 쌀알 무늬 9. 홍염

의 온도는 800만~2천만K다. 이처럼 코로나가 태양 표면보다 훨씬 더 뜨거운 이유는 아직까지 완벽히 밝혀지지 않고 있어, 2018년 발사된 NASA의 파커 태양 탐사선 미션의 중요한 숙제가 되고 있다.

홍염은 태양의 가장자리에 보이는 불꽃 모양의 가스로, 프로미넌스 prominence라고도 한다. 흑점이 출현하는 영역에 집중적으로 나타나는 경향이 있다. 홍염이 크게 솟구칠 때는 지구가 몇 개 들어갈 정도의 큰 아치를 그리기도 한다.

태양에서 대폭발이 일어났다는 뉴스를 가끔 듣는데 무슨 폭발인가요?

A 태양 활동 중 우주기상에 가장 큰 영향을 미치는 태양 폭발에는 두 가지가 있다. 곧, 태양 플레어와 코로나 질량방출(CME:Coronal Mass

Ejection)이다. 플레어는 우리가 흔히 이야기하는 태양 폭발이고, CME는 태양 폭풍인데, 두 현상은 대부분 함께 일어난다.

태양 폭발은 태양의 자기 에너지가 열이나 빛의 형태로 방출되는 현상이다. 쉽게 말해 빛의 폭발이라 할 수 있다. 반면, 태양 폭풍은 빛의 형태가 아닌 직접적인 물질이 방출된다. 따라서 두 현상에는 많은 차이점이 있다.

먼저 태양 플레어는 거대한 태양면 폭발을 말하는데, 이것을 유발하는 것은 자기마당을 흐르는 전류다. 각각의 가닥은 태양 내부에서 짜맞추어진 전류로, 이것이 표면을 뚫고 나오면서 태양면 폭발을 일으킨다. 자기마당이 가깝게 얽혀 있는 지점일수록 전류도 가장 강하다. 폭발 규모에 따라서는 에너지가 원자폭탄 10억 개와 맞먹는데, 태양면 폭발과 함께 이 에너지를 순식간에 방출한다.

코로나 질량방출은 태양풍과 플라스마, 태양의 전기장이 코로나 영역을 넘어 폭발하는 현상이다. CME는 태양면 폭발보다 100배나 더 강력하다. 100억 톤에 달하는 물질이 태양의 대기에서 폭발하며 거대한 분출을 일으킨다. 지구의 자기권이 막아주지 않으면 폭발로 생성된 고에너지 입자가 지구의 대기를 송두리째 벗겨낼 수도 있다. 태양면 폭발이 총구의 섬광이라면 CME는 탄환이다. 과학자들은 CME의 발생 원인을 아직도 정확히 모르지만, 이것은 태양의 코로나에서 형성된다. 태양을 둘러싼 대기인 코로나는 수백만 km씩 우주로 뻗어나오며 온도가 160만K로 태양 표면보다 200배 정도 뜨겁다. 태양면 폭발 이후에는 대부분 CME가 뒤따라 발생한다.

코로나 물질의 방출 주기는 태양흑점 주기에 의해 바뀌는데, 태양 극소기 때에는 일주일에 한 개 정도가 관측되며, 태양 극대기에는 일주일에 2~3개의 코로나 물질방출이 관측된다.

그렇다면 태양폭발이나 태양폭풍은 지구에 어떤 영향을 미칠까? 먼저 태양폭발이 일어나면 강한 X-선과 극자외선이 생긴다. 이런 파장은 지구 전리층까지 도착해 전자의 밀도를 높이는데, 이 때문에 통신두절과 대규모 정전을 일으킬 수 있다. 최근 발표된 미국 국립과학아카데미의 한 연구에 따르면, 강력한 태양풍은 미국에서만도 2조 달러의 피해를 입힐 가능성을 경고하고 있다.

▶ 흑점에서 분출되는 강력한 태양 플레어. 2017년 4월 NASA의 태양활동관측 탐사선이 찍었다. (NASA/SDO)

또 태양폭풍은 대기권 밖의 우주비행사나 인공위성에 직접적인 영향을 미친다. 고에너지 입자에 노출된 우주비행사는 생명에 위협을 받고, 인공위성은 훼손되거나 수명이 단축될 수 있다. 그리고 지구 자기권을 변형시켜 지자기 폭풍을 일으키고 극지방에 오로라를 만든다.

8 태양풍은 어떤 바람인가요?

A 태양풍은 태양에서 불어오는 바람이라 할 수 있다. 단, 지구의 바람처럼 공기의 흐름이 아니라 전기를 띤 입자들의 흐름으로, 플라스마plasma*의 흐름이 바람과 비슷해서 태양풍이라 부른다. 태양 플라스마라고도 한다. 실제로 태양풍은 가벼운 물질을 한쪽으로 밀어붙이는 압력을 가지고 있다. 혜성의 꼬리가 항상 태양과는 반대 방향으로 향하는 것은 태양풍의 압력 때문이다.

코로나 속의 높은 온도 때문에 그곳에 있는 수소와 같은 기체 원자는 그

---

* 기체 상태의 물질에 계속 열을 가해 온도를 올려주면 전자가 떨어져나와 자유전자와 이온핵으로 이루어진 입자들의 집합체가 만들어진다. 이러한 상태의 물질을 플라스마라고 한다. 물질의 세 가지 형태인 고체, 액체, 기체와 더불어 '제4의 물질상태'로 불린다.

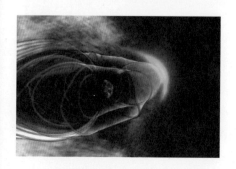

▶ 지구 자기마당(보라색)에 의해 차단되고 있는 태양풍(노란색) 개념도. 태양풍의 흐름을 방해하는 자기권의 앞부분에서 발생하는 뱃머리 충격파(푸른색)가 보인다. (Walt Feimer (HTSI)/NASA/Goddard Space Flight Center)

것을 구성하는 전자와 핵, 즉 양자가 따로따로 분리될 수 있어서 기체와는 다른 플라스마를 형성한다. 이 플라스마는 태양의 높은 온도 때문에 아주 빠른 속도로 움직이게 되고, 일부는 태양으로부터 멀리 우주공간에 흩뿌려지는데, 이를 태양풍이라 한다. 주로 양성자(H+)와 전자로 이루어져 있으며, 적은 양이지만 헬륨 핵(He+)도 섞여 있다.

태양풍은 태양활동이 활발할수록 더 강하게 일어나며, 매초 약 100만 톤의 질량이 태양에서 방출된다. 태양풍은 태양의 자전에 실려 확대되기 때문에, 소용돌이를 그리면서 밖으로 퍼져나간다. 지구의 공전 궤도 부근에서는 입자수의 밀도가 보통 $10/cm^3$ 정도이고, 속도는 350km/s 정도다.

자기마당을 가진 행성과 상호작용하여 행성 자기권을 형성하는 태양풍은 명왕성의 궤도를 훨씬 넘는 곳에까지 이르고 있으며, 태양풍에 의해 지배되고 있는 영역인 거대한 자기권 헬리오스피어heliospere(태양권)를 형성하고 있다. 태양풍의 영향과 태양계 이외의 성간 물질의 영향이 거의 같아지는 경계영역은 헬리오포스heliopause(태양권계면)라 한다.

태양풍이 발생하면 보통의 태양 플레어보다도 엄청 많은 전자파, 자기마당파, 입자선, 입자 등이 발생된다. 이것들은 보통 지구의 자기권과 대기권을 통과할 때 대부분 소멸되므로 플라스마 입자 등이 직접 지표로 도달할 가능성은 낮다. 그러나 태양풍에 의해 도달한 플라스마 입자에 의해 지구 자기권 내에 생성된 전기 에너지가 전리층에 강한 전류를 흘림으로써 지자기 변동이 발생할 수 있다. 지자기 변동은 발전소, 변전소와 같은 전력 시설에 영향을 주어 여러 가지 대규모 피해를 발생시킬 수 있다. 따라서 우주 기상 관측의 중요도가 점차 높아지고 있다.

태양풍의 입자들이 지구 상공(80~240km)의 전리층의 입자들과 충돌하게 되면, 에너지를 상실하면서 초록색 빛을 발하게 되는데, 이것이 바로 오로라aurora다.

9 태양에 가본 것도 아닌데 어떻게 온도를 알 수 있나요?

A 태양처럼 핵융합 반응에 의해 열과 빛을 내는 별의 색깔과 표면온도는 밀접한 관계가 있다. 밤하늘에 보이는 별들도 각각 다른 색깔을 지니고 있다. 어떤 별은 푸르스름하고, 어떤 별은 붉게 보이며, 노란색, 주황색, 흰색, 보라색으로 보이는 별들도 있다.

별은 왜 이렇게 다양한 색깔로 빛날까? 예컨대 금속 막대기

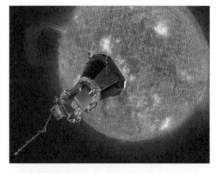

▶ 태양으로 향하는 '파커 태양 탐사선(Parker Solar Probe)'의 상상도. 2018년 여름에 발사된 파커는 2024년 작열하는 태양 표면으로부터 640만km 고도까지 접근할 예정이다. (NASA)

를 불에 달구면 처음에는 붉은색을 띠다가 점점 온도가 올라가면서 주황, 노랑, 흰색으로 바뀌다가 이윽고 푸르스름하게 변하는 것을 볼 수 있다.

인류에게 우주를 열어준 망원경 이야기

지금으로부터 400년 전인 1609년 어느 가을 밤, 갈릴레오가 자작 망원경을 밤하늘의 달로 겨누었을 때 우주는 인류에게 그 문을 활짝 열어젖혔다. 망원경을 통해 달의 모습을 본 순간 갈릴레오는 경악했다. 그때까지 완전 무결한 구(球)로 알고 있었던 달이 사실은 수많은 곰보 자국이 나 있을 뿐만 아니라,

▶ 차세대 우주망원경 제임스 웹(JWST)과 허블 우주망원경의 크기 비교. 88억 달러(한화 약 10조 원)가 투입된 이 망원경은 허블보다 100배의 해상력을 자랑한다. (NASA)

지구와 같이 산과 계곡을 가진 천체였던 것이다. 이는 아리스토텔레스 우주관의 붕괴를 뜻하는 엄청난 발견이었다.

이처럼 인류에게 우주의 문을 열어준 망원경이 등장함으로써 튀코 브라헤 같은 안시관측자의 시대는 막을 내리고 망원경 관측 시대가 왔다. 빛을 받아들이는 사람의 눈동자 지름은 7mm에 지나지 않지만, 현재 가장 큰 망원경은 주경 지름이 10m도 넘으니, 단연 비교 불가다.

망원경 발명에 관한 자세한 얘기는 여타 과학사에 자세히 나오니 줄이기로 하자. 단, 고대 그리스 인들이 기원전부터 유리제품을 만들었고, 유리가 빛을 굴절시킨다는 사실을 알고 있었음에도 망원경이 17세기에 들어서야 발명된 것은, 〈우주전쟁〉의 작가 H. G. 웰스의 분석에 의하면, 철학자들이 너무나 오만해서 유리 제조업자로부터 무엇인가 배우려는 자세가 전혀 돼 있지 않았던 탓이다. 그는 "오만 때문에 받게 되는 가장 큰 형벌은 '무지'다"라고 말했다.

천체망원경은 볼록렌즈나 거울(반사경)을 이용하여 별빛을 모아 별의 상을 만들고 이 상을 확대하여 관측하는 관측도구로, 17세기 초 네덜란드의 안경 제조업자였던 한스 리퍼셰이가 굴절망원경을 만든 것이 최초다. 그 소식을 들은 갈릴레오는 즉시 망원경 제작에 착수해서 구경 4cm, 초점거리가 1m 남짓, 배율 32배인 굴절망원경을 만들었다. 초라한 망원경이었지만, 그래도 이 망원경으로 금성의 위상변화와 목성의 위성을 관찰하여 천동설의 관에 마지막 못질을 할 수 있었던 것이다.

갈릴레오의 망원경 이후 뉴턴은 유리로 된 렌즈가 색수차로 초점이 잘 맞지 않는 것을 발견하고 렌즈 대신 거울을 사용한 반사망원경을 만들었다. 1771년에 뉴턴이

제작한 구경 5cm, 배율 32배의 망원경은 현재 영국왕립협회에 보존되어 있다.

가시광선 영역을 관측하는 광학 망원경으로는 굴절망원경과 반사망원경이 가장 중요한 두 형식이며, 이 둘을 혼합한 여러 형식들도 존재한다. 이에 반해, 천체에서 오는 전파를 관측하는 전파망원경은 눈으로 보이지 않는 전파 영역을 관측하기 때문에 가시광선을 방출하지 않는 천체도 관측할 수 있다.

이들 망원경의 공통점은 망원경은 구경이 클수록 더 많은 빛이나 전파를 모을 수 있고, 따라서 해상력이 높은 좋은 망원경이라는 점이다. 이런 이유로 대형 망원경 제작 경쟁이 지금까지 계속되고 있다. 세계에서 현재 가동 중인 망원경 중 가장 큰 망원경은 유럽 남방천문대(ESO)에서 칠레에 건설한 파라날 천문대의 VLT(Very Large Telescope)로, 8.2m 반사망원경 4개를 연동시켜놓은 엄청나게 큰 망원경이다.

그러나 이렇게 큰 망원경들도 관측을 방해하는 대기로부터 자유롭지 못하기 때문에 우주망원경이 등장하게 되었다. 1990년 NASA가 우주로 쏘아올린 허블 우주망원경은 구경 2.4m에 분광기, 측광기, 최첨단 사진기 5개를 탑재하여 지상에서는 볼 수 없는 멀고 어두운 우주 깊숙이 관측, 놀라운 역대급 업적을 기록하면서 우주 관측사를 다시 쓰게 만들었다.

허블 우주망원경의 뒤를 이를 망원경으로, 현재 개발 중인 NASA의 '제임스 웹'이 임무교대를 위해 2021년 우주로 발사될 예정이다.

별의 표면온도가 3,000K 정도 되면 붉게 빛나는 적색왜성이 되고, 약 6,000K부터는 태양처럼 노랗게 변하며, 8,000K에서는 하얗게 빛나고, 1만 K를 넘으면 푸르스름한 흰색 빛을 내는 백색왜성이 된다.

이 같은 별이 내는 빛을 분광기로 스펙트럼을 조사해보면 별의 표면온도에 따라 방출 스펙트럼이 달라지는데, 이것을 자세히 조사하면 태양의 표면온도가 5,700K임을 알 수 있다.

---

* 태양 질량의 0.4~8배 이하인 별들이 항성 진화의 마지막 단계에서 표면층 물질을 행성상 성운으로 방출한 뒤, 남은 물질들이 축퇴하여 형성된 청백색의 별. 질량은 태양의 1.4배 이하, 크기는 지구 정도이며, 천천히 식다가 빛을 내지 못하는 흑색왜성으로 일생이 끝난다.

A 태양은 신성(nova)이 될 수가 없다. 신성이란 맨눈이나 망원경으로 잘 보이지 않을 정도로 어둡던 별이 갑자기 밝아져 며칠 만에 광도가 수천~수만 배에 이르는 별을 말한다. 밝기가 극대에 이른 후에 서서히 낮아져서 몇백 일 또는 몇 년 후에는 원래 밝기로 돌아간다.

신성은 초신성과는 달리 별 전체가 폭발하는 것이 아니라 별표면의 얇은 층이 폭발하는 것이다. 망원경이 만들어지기 전에는 하늘에 새로운 별이 탄생한다고 생각해서 서양에서는 신성이라 불렀고, 동양에서는 객성客星이라 했다. 은하계 안에서는 매년 수십 개의 신성이 출현하는 것으로 추산되고 있으나 관측되는 것은 몇 개 되지 않는다.

신성 폭발에는 필요조건이 하나 있다. 그 별에서 태양-지구 간의 거리 정도에 반성伴星(짝별)이 있어야 하며, 그 반성은 백색왜성이어야 한다. 2개의 별로 이루어진 연성계의 경우, 한쪽 별은 적색거성으로 진화하여 물질을 방출하고, 그것이 다른 한쪽의 백색왜성에 충분히 내려쌓이면, 백색왜성의 표면에서 폭발이 일어나 신성이 된다. 태양에는 이런 반성이 없으므로 신성 폭발은 일어나지 않는다.

가끔 매우 가까우면서 밝은 신성이 나타나 맨눈으로도 관측 가능할 경우가 있다. 최근의 예로는 1975년 8월 29일의 백조자리 V1500이 있다. 이 신성은 백조자리에서 관측되었으며, 데네브에 맞먹는 겉보기등급 2.0 정도까지 밝아졌다.

몇백만 년 뒤 지구 근처에서 신성 하나가 폭발할 가능성은 있다. 큰개자리의 시리우스가 그 폭발 후보다. 시리우스에는 시리우스 B라는 백색왜성인 반성이 있기 때문이다. 인류가 그때까지 지구상에 생존해서 과연 시리우스가 신성폭발을 하는 것을 볼 수 있을까? 그러기를 바랄 뿐이다.

11 태양의 종말은 어떻게 오나요?

A 태양은 앞으로 약 50억 년 정도 지금과 같은 모습으로 활동할 것으로 보인다. 이것은 태양에 남아 있는 수소의 양으로 계산한 결과다. 그러나 태양이 수소를 다 태우기도 전에 지구에는 심각한 변화가 나타나고, 지구상에 생명이 존속하는 것은 불가능해지는 상황이 온다.

태양은 10억 년마다 밝기가 10%씩 증가하는데, 이는 곧 지구가 그만큼 더 많은 열을 받는다는 것을 뜻한다. 따라서 10억 년 후이면 극지의 빙관이 사라지고, 바닷물이 증발하기 시작하여, 다시 10억 년이 지나면 완전히 바닥을 드러낼 것이다. 지표를 떠난 물이 대기 중에 수증기 상태로 있으면서 강력한 온실가스 역할을 함에 따라 지구의 온도는 급속히 올라가고, 바다는 더욱 빨리 증발되는 악순환의 고리를 만들게 된다. 그리하여 마침내 지표에는 물이 자취를 감추고 지구는 숯덩이처럼 그을어진다. 35억 년 뒤 지구는 금성 같은 염열지옥炎熱地獄이 될 것이다.

50억 년 후면 태양의 중심부에는 수소가 소진되고 헬륨만 남아 에너지를 생성할 수 없어 수축된다. 중심부가 수축함에 따라 생기는 열에너지로 인해 중심부 바로 바깥의 수소가 불붙기 시작해 태양은 엄청난 크기의 적색거성으로 진화한다. 부풀어오른 태양의 표면이 화성 궤도에까지 이를지도 모른다. 하지만 지구가 태양에 잡아먹히지는 않을 것이다. 태양이 부풂에 따라 지구 궤도가 바깥으로 밀려나갈 것이기 때문이다.

78억 년 뒤 태양은 초거성이 되고 계속 팽창하다가 이윽고 외층을 우주

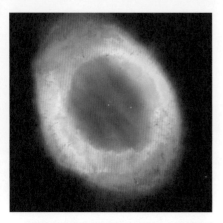

▶ 행성상 성운인 고리성운 NGC 6720. 거문고자리 별 근처에 있는 성운으로, 작은 망원경으로도 보인다. 중심에 폭발한 별이 보인다. 80억 년 후 우리 태양의 모습이다.

공간으로 날려버리고는 행성상 성운*이 된다. 거대한 먼지고리는 명왕성 궤도에까지 이를 것이다. 어쩌면 그 고리 속에는 잠시 지구에서 문명을 일구었던 인류의 흔적이 조금 섞여 있을지도 모른다.

한편, 외층이 탈출한 뒤 극도로 뜨거운 중심핵이 남는다. 이 중심핵의 크기는 지구와 거의 비슷하지만, 질량은 태양의 절반이나 될 것이다. 이것이 수십억 년에 걸쳐 어두워지면서 고밀도의 백색왜성이 되어 홀로 태양계에 남겨지게 될 것이다.

하지만 미리부터 겁먹을 필요는 없을 것 같다. 인류가 이 지구상에서 문명을 꾸려온 지는 고작 만 년도 채 못 되고, 백년도 채 못 사는 인간이 10억 년 뒤를 걱정한다는 것은 하루살이가 겨울나기를 걱정하는 것이나 다름없는 일일 테니까.

---

* 초신성 또는 신성 등의 폭발에 의해 날린 기체의 가스 성운. 그 형태로는 원반 모양·타원 모양·고리 모양 등이 있다. 처음 관측될 당시에 행성처럼 보였기 때문에 이런 이름이 붙여졌으나, 실제로는 행성과 아무 관계도 없다.

A 우주의 별들은 태양과 거의 비슷하며, 별들이 태어날 때는 대개 쌍성으로 태어나기 때문에 태양도 쌍성일 가능성이 높다는 주장은 오래 전부터 있어왔다.

태양 쌍성 가설을 뒷받침하는 주장은 1984년 미국 시카고 대학의 고생물학자 데이비드 라우프와 잭 셉코스키에 의해 제기되었는데, 과거 2,600만 년을 주기로 찾아왔던 대량멸종의 원인은 지구 외의 무엇일 것이라고 주장했다.

이후 과학자들은 2,600만 년이라는 주기성을 만든 원인을 찾기 시작했고, 일각에서 태양계 저 너머에 '범인'이 있다는 주장을 펴기 시작했다.

과학자들이 발전시킨 이 가설에 따르면, 46억 년 전에 태어난 태양에는 아직 발견되지 않은 쌍성이 존재하는데, 어떤 이유에서인지 점점 멀어져 태양계 저 밖으로 밀려났다. 나중에 그리스 신화에 등장하는 보복의 여신 이름을 빌려와 네메시스Nemesis라는 이름을 얻은 이 별은 극단적인 형태의 타원 궤도로 움직이는데, 그 경로에 장주기 혜성의

▶ 갈색왜성이 지구와 목성, 최저질량 별, 태양과 어떤 관계가 있는가를 보여주는 그림. NASA의 광역 적외선 탐사위성(WISE)이 이 '실패한' 별들을 다수 찾아낼 것으로 보인다. (NASA)

고향 오르트 구름*이 있다.

태양계를 껍질처럼 둘러싸고 있는 오르트 구름은 수천억 개를 헤아리는 혜성의 핵들로 이루어져 있다. 이 오르트 구름을 네메시스가 지나가면 중력균형을 무너뜨림으로써 많은 혜성들이 발생하고, 그중 어떤 것은 지구에 충돌하여 대량멸종 사건을 일으킨다는 것이 네메시스 가설의 골자다. 이 때문에 서구에서 부르는 네메시스의 또 다른 별칭은 이블 트윈(The Sun's Evil Twin)이다.

이 가설을 지지하는 과학자들은 네메시스가 아마도 태양 – 해왕성 거리의 17배 더 먼 곳에 있을 거라는 추정치까지 내놓았다. 그러나 이 가설은 아직까지 증명되지 못했다. 그 이유는 네메시스가 발견되지 않았기 때문이지만, 그렇다고 네메시스가 없다는 증거도 되지는 않는다. '증거의 부재가 부재의 증거는 아니다'고 말한 사람은 천문학자 칼 세이건이다.

---

* 장주기 혜성의 기원으로, 태양으로부터 약 70~10만AU 떨어진 곳에 태양계를 껍질처럼 둘러싸고 있다고 생각되는 가상적인 천체집단. 네덜란드의 천문학자 얀 오르트(1900~1992)가 장주기 혜성과 비주기 혜성의 기원으로 발표하여 붙여진 이름이다.

철학자 칸트는 레전드 우주 덕후

태양계

두루미가 왜 나는지, 아이들이 왜 태어나는지,
하늘에 왜 별이 있는지 모르는 삶은 거부해야 한다.
이러한 것들을 모르고 살아간다면 모든 게 무의미하여
바람 속의 먼지 같을 것이다.

| 안톤 체호프 〈세 자매〉 중 |

태양계는 어떻게 형성되었나요?

A 먼저, 태양계(Solar System)라는 개념이 생긴 지가 그리 오래지 않다는 사실을 알 필요가 있다. 천동설이 득세하던 16세기까지는 지구가 우주의 중심이고, 일, 월, 화, 수, 목, 금, 토가 다 지구 둘레를 돈다고 생각했던 만큼 태양계라는 개념조차 없었다. 그러다가 17세기 초 갈릴레오가 망원경으로 천체관측을 시작하고 천동설이 무너지고 나서야 태양계의 개념이 인류에게 자리잡기 시작한 것이다. 그러니까 태양계라는 말의 역사가 겨우 400년밖에 되지 않았다는 얘기다.

오늘날 태양계는 모항성인 태양의 중력에 묶여 있는 8개의 행성들과 그 위성, 소행성 등 주변 천체가 이루는 체계를 말한다.

태양계의 탄생에 대해 최초로 과학적인 가설을 내놓은 사람은 과학자가 아닌 철학자 임마누엘 칸트(1724~1804)였다. 성운설이라는 이름으로 지금도 천문학 교과서에 어엿이 자리잡고 있는 이 설에 따르면, 원시 태양계는 지름이 몇 광년이나 되는 거대한 원시 구름인 가스 성운이 그 기원이다. 천천히 자전하던 이 원시 구름은 점점 식어가면서 중력에 의해 중심 쪽으로 낙하하는 현상이 일어남으로써 수축이 이루어져 회전이 빨라지고, 마침내 그 중심부에 태양이 탄생되고 주변부에는 여러 행성들이 만들어졌다는 것이다. 행성들이 자전하면서 거기에서 떨어져나온 것들이 바로 위성이다.

▶ 아주 젊은 A형 주계열성 화가자리 베타별 주변에서 외계혜성 및 미행성과 행성이 생겨나는 모습을 표현한 상상화. 지름 1~100km 정도 되는 미행성들의 무수한 충돌로 행성들이 생겨났다. (wiki)

우주에 관심 깊었던 철학자 칸트의 '성운설'

1755년 칸트의 〈천계의 일반자연사와 이론〉에서 제기된 태양계 기원설. 중심부에 생긴 구름의 덩어리가 원시태양이 되고, 그 둘레의 고리와 덩어리가 원시행성이 되었다고 한다.

태양계의 행성들이 태양을 중심으로 하는 동심원상을 동일한 운동 방향으로 회전하며, 거의 동일한 평면상에 있다는 사실을 알고, 뉴턴은 크게 놀랐다. 이 엄밀한 규칙성의 기원과 원인을 설명하기 위해 오래 고민한 끝에 뉴턴은 이 태양계를 질서 있게 유지되게 하려면 가끔 신의 손길이 필요하다고 말하고는 그에 대한 역학적 해명을 단념하고 말았다.

▶ 임마누엘 칸트.

칸트는 앞에서 언급한 저작에서 원심력의 기원을 해명하는 문제로서 몰두하여, 입자들의 낙하운동이 인력 중심의 다양과 방향선의 교차에 의해서 측방운동으로 전환되고, 운동의 한 방향과 적당한 속도를 얻어 공통의 중심을 둘러싼 공전운동으로 발전했다고 추측했다.

칸트의 성운설이 나온 후, 한 세대쯤 지나 프랑스의 라플라스가 성운설 보강작업에 나섰다. 그리하여 라플라스의 〈우주체계론〉(1796)에서 보강된 태양계 기원설에 따르면, 회전하는 성운상의 가스체가 냉각하고 수축함에 따라 물질들이 만유인력에 의해 중심 쪽으로 낙하하는 현상이 일어났고, 낙하도중 충돌해서 옆으로 튀어 회전하는 입자들도 생겨, 계속 옆으로 충돌한 결과 전체 물체의 공통중심을 지닌 회전운동을 하는 궤도를 갖게 되었다. 그리고 중심부와 그것을 둘러싸는 몇 개의 링이 되었는데, 중심부는 태양이 되고, 고리들은 행성이 되었다.

칸트는 또, '신이 창조한 우주가 유한하다는 건 있을 수 없다'면서 무한한 우주를 상정한 섬우주론을 제안하기도 했는데, 이 역시 200년 후 관측 결과 입증되었다.*

---

* 성운설을 제창한 철학자 임마누엘 칸트. 그가 제안한 무한 우주를 전제한 섬우주론도 200년 후 입증되었다.

성운설의 현대적 풀이를 소개하면, 대략 46억 년 전 몇 광년 크기인 수소분자 구름(원시 태양계 성운)이 근처 초신성 폭발의 충격파로 중력붕괴를 일으켜 회전하기 시작했으며, 수축이 진행됨에 따라 원심력에 의해 얇은 원반 모양으로 변해갔고, 이윽고 중심부에 수소 핵융합 반응이 일어남으로써 빛나는 태양이 탄생하기에 이른 것이다. 나머지 약간의 주변 물질들은 행성과 위성, 그밖의 소행성 등을 만들었다.

46억 년 전 최초 태양계 성운의 각운동량은 25일마다 한 바퀴 자전하는 태양의 자전운동을 비롯, 지구의 자전과 공전 등, 태양계 천체들의 운동량으로 아직껏 남아 있다.

14 행성의 고리는 어디서 생겨난 것인가요?

A 고리의 생성 원인에 대해선 정설은 없고 몇 개 가설이 있을 뿐이다. 태양계의 행성 중 목성, 토성, 천왕성, 해왕성 4개는 주위에 고리를 가지고 있다. 그중 가장 크고 아름다운 고리를 가진 것은 토성이다.

토성 고리를 최초로 발견한 사람은 갈릴레오 갈릴레이(1564~1642)로, 자신이 만든 망원경으로 1610년 토성 고리를 처음으로 관찰했다. 이어 1676년 카시니(1625~1712)는 토성의 고리가 두 부분(A고리와 B고리)으로 나눠져 있고, 그 사이에는 4,800km에 이르는 틈이 있다는 사실을 발견했다. 이것이 바로 카시니 틈이다.

목성의 고리는 1979년에 보이저 2호가 목성 탐사에서 발견했고, 천왕성과 해왕성의 고리는 식蝕(천체가 배경의 별을 가리는 현상)을 관측하던 중 발견했다. 별빛이 천왕성, 해왕성에 가려지기 전에 수차례 밝기의 변화가 생겼고,

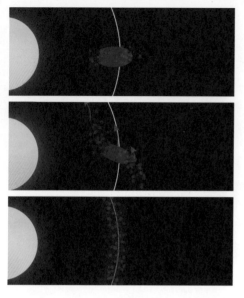

❶ 로슈 한계 내에 있는 물체는 자신의 중력보다 기조력이 더 강해져 물체는 붕괴한다.

❷ 입자들은 빨간 화살표 방향을 따라 움직인다. 모행성에서 멀리 있는 입자보다 가까이 있는 입자가 더 빨리 움직인다.

❸ 입자들의 궤도 속력의 변화에 의해 고리를 형성하게 된다.

다시 나타날 때에도 같은 현상이 관측됨으로써 고리의 존재를 알게 되었다.

이러한 고리를 이루고 있는 것은 암석과 얼음 조각들인데, 이 파편들이 어디서 온 어떤 천체의 흔적인지는 확실히 밝혀지지 않고 있다. 다만 몇 가지 가설이 힘을 얻고 있는데, 간단히 살펴보면 다음과 같다.

첫째, 행성 고리는 행성을 만들고 남은 부스러기라는 가설이다. 태양계가 처음 만들어질 때 태양을 중심으로 가스와 먼지로 구성된 큰 원반이 있었는데, 여기서 각각의 행성이 탄생했다. 이때 남은 부스러기 중 행성 가까이 있는 것을 행성이 끌어들여 고리를 만들었다는 것이다.

둘째, 행성 고리의 정체는 깨진 혜성이라는 주장이다. 혜성이나 소행성 같은 천체가 행성의 중력에 붙잡혀 깨지면서 고리가 됐다는 것이다.

마지막으로, 가장 주목받고 있는 가설은 행성 고리가 행성이 위성을 잡아먹은 흔적이라는 주장으로, 토성의 경우 위성이 토성에 흡수될 때 위성 표면을 싸고 있던 얼음층이 떨어져나와 고리가 됐다는 내용이다.

이와 같은 가설들은 개별적으로 적용할 경우에는 잘 들어맞지 않기도 하지만, 행성 고리들이 한 가지 또는 여러 가지 원인이 중첩되어 형성되었을 거라고 보는 시각이 우세하다.

고리를 이루는 물질이 작은 파편으로 부서진 것은 행성의 강한 기조력의 작용으로 보고 있다. 행성에 가까운 쪽과 먼 쪽에 미치는 기조력의 큰 차이로 인해 밀도와 내부 응집력이 약한 위성은 부서지게 된다. 위성이 부서지기 직전의 거리를 로슈 한계라고 하는데, 보통 행성 반지름의 2.5배 정도 거리다.

15 행성의 위성은 모두 몇 개나 있으며, 어떻게 해서 생겨났나요?

A 위성衛星은 행성 따위의 인력에 의해 그 둘레를 도는 천체를 말한다. 사람이 만든 위성은 인공위성이라고 한다. 대개 위성은 모행성母行星에 비해 지름은 수십분의 1, 질량은 수만분의 1 이하이지만, 지구의 위성인 달은 예외로서 지름이 지구의 약 1/4, 질량이 1/81로, 모행성에 대한 비율이 태양계에서 가장 크다. 현재 태양계에서는 수성과 금성의 위성은 발견되지 않았으나, 그밖의 행성들은 모두 한 개 이상의 위성을 거느리고 있다.

달을 제외하고 다른 행성에도 위성이 있다는 것을 처음으로 발견한 것은 갈릴레오 갈릴레이다. 1610년 그가 발견한 목성의 4대 위성은 모든 천체는 지구 둘레를 돈다는 천동설을 단숨에 잠재운 지동설의 증거로서 오늘날 갈릴레이 위성이라 불리고 있다.

현재까지 밝혀진 바로는, 태양계에는 240여 개의 위성이 있는 것으로 알려져 있으며, 이 가운데 행성을 도는 것이 170여 개, 왜행성을 도는 것이 6개, 그밖의 태양계 소천체를 도는 것이 수십 개 있다. 또 최근에는 우주 탐사체에 의해 외행성에서도 새 위성의 존재가 확인되었다.

위성의 크기는 지름이 10km가 안 되는 것부터 수천km가 되는 것까지 다양하다. 가장 큰 위성은 목성의 위성 가니메데로서 지름이 5,262km로, 수성(지름 4,864km)보다도 크다. 가장 많은 위성을 가진 행성은 목성인데, 그 수가 2017년 기준으로 69개나 된다. 앞으로도 얼마나 더 발견될는지 알 수 없다. 토성이 보유한 위성도 만만치 않다. 공식적으로 확정된 위성 수만도 62개나 되며, 천왕성은 27개, 해왕성은 14개, 화성은 2개가 발견되었다. 가스 행성인 목성형 행성들에 이렇게 행성들이 많은 이유는 큰 중력으로 외부에서 작은 천체를 포획한 경우가 많기 때문이다.

위성이 태어나는 방법은 크게 두 가지가 있는데, 행성이 탄생할 때 남은 찌꺼기가 뭉쳐서 위성이 되는 경우와, 행성이 외부의 작은 천체를 중력으로 끌어당겨 위성으로 입양하는 포획의 경우다. 드물지만, 두 천체가 충돌하거나 고리에서 물질이 뭉쳐져 만들어지는 경우도 있다. 행성이 탄생하고 남은 물질이 뭉쳐 만들어지는 경우. 대부분 규칙위성이 되어 모행성과 같은 방향으로 얌전히 돈다.

16 각 행성이 태양을 도는 궤도는 왜 같은 평면상에 있는 걸까요?

A 46억 년 전 성간 공간을 떠돌던 지름 3광년의 거대한 원시 태양계 성운 부근에서 초신성 폭발이 일어났다. 이 폭발의 증거는 당신 손가락

에도 있다. 어떤 사람은 입 안에도 갖고 있다. 금반지와 금니가 바로 그것이다.

별이 내부에서 핵융합을 하면서 벼려내는 원소는 원자번호 26번인 철까지가 한계다. 자연에는 철보다 무거운 원소들이 66가지나 있다. 원자번호 92번인 우라늄이 가장 무겁다. 철보다 무거운 중원소들은 모두 초신성 폭발 때의 엄청난 온도와 압력으로만 만들어질 수 있는 것이다. 이 초신성 잔해들이 원시 태양계에서 지구가 만들어질 때 같이 버무려진 것이다. 따라서 지구에 있는 중원소들이 바로 초신성 폭발의 강력한 물증인 셈이다. 따라서 금은 지구상에서는 만들어질 수 없는 물질이다. 그러니까 연금술사들은 턱도 없는 일에 엄청 고생을 한 셈이다. 하지만, 또 그들 덕으로 화학이 크게 발달했다니, 그나마 말짱 헛수고는 아닌 셈이다.

초신성 폭발의 충격파는 태양계 성운의 중력붕괴를 가져와 거대한 성운이 회전하기 시작했다. 이 수축하면서 회전하는 성운

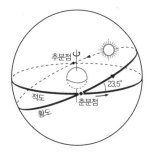

▶ 황도.

▶ 행성들이 가는 길 황도. 인도네시아 자바섬 수라카르타의 서쪽 하늘 사진. (wiki)

을 컴퓨터 시뮬레이션으로 재현해본 결과, 급속히 평탄한 원반을 형성한다는 사실이 밝혀졌다. 원반의 중심부에서 태양이 탄생하고, 원반면에서 형성된 각 행성은 같은 평면상에서 모항성인 태양의 주위를 돌게 된 것이다.

명왕성을 제외한 태양계에 포함된 행성들의 공전 궤도면이 옆에서 보면 거의 비슷하다. 즉, 행성들의 공전 궤도면은 지구의 공전 궤도면과 거의 나란하며 공전 방향은 모두 같은 방향이다. 이는 원시 태양 주위를 감싸고 있던 납작한 원반면에서 행성들이 생성되었기 때문이다. 행성들이 도는 이 원반면의 길을 황도라 한다.

17 태양을 공전하는 행성은 왜 타원궤도를 도나요?

A 케플러의 행성운동 제1법칙이 바로 행성은 태양을 초점으로 타원운동을 한다는 것이다. 타원궤도는 중력과 같은 구심력이 작용하는 물체의 운동궤도로, 태양계 내 지구와 같은 행성들과 지구 주위 인공위성의 운동경로 등이 이에 해당한다. 타원이란 두 초점으로부터의 거리의 합이 같은 점들의 자취이다.

그런데, 행성의 질량이 태양에 비해 아주 가볍긴 하지만 0은 아니므로, 태양의 위치는 정확하게 타원궤도의 초점에 있지는 않다. 두 물체가 서로 잡아당기면서 회전하는 경우 회전의 중심은 두 물체의 질량중심이 되며, 각 물체는 이 질량중심을 타원의 한 초점으로 하여 각

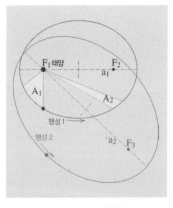

▶ 행성은 태양을 초점으로 타원운동을 한다(케플러 제1법칙). 그림에서 태양은 F_1에 있고, 첫 번째 행성의 타원운동 초점은 F1과 F_2이고, 두 번째 행성의 타원운동 초점은 F_1과 F_3이 된다. (wiki)

각 궤도운동을 한다. 만약 지구-태양처럼 한쪽의 질량이 다른 쪽에 비해 엄청나게 크면 질량 중심은 질량이 큰 물체(태양)의 내부 깊숙한 곳에 있게 되어 근사적으로 태양이 초점에 위치하는 셈이 된다.

뉴턴의 제1운동법칙은 알짜힘* 이 없으면 모든 물체는 운동 상태를 유지한다는 것이다. 말하자면, 정지한 물체는 정지해 있고, 직선으로 등속운동을 하는 물체는 물체의 운동을 유지한다는 뜻이다. 행성이 태양으로 떨어지지 않고 타원운동을 유지하는 것은 행성은 운동 방향을 유지하려는 반면, 중력은 매순간 행성의 운동 방향과 수직으로 작용하여 운동 방향을 바꾸기 때문이다.

18 케플러의 제2법칙에서 행성운동의 면적속도가 일정하다는 것은 무슨 뜻인가요?

A 먼저 면적속도란 단위 시간당 행성이 궤도상을 휩쓸고 지나가는 부채꼴의 넓이를 가리킨다. 행성은 타원궤도를 돌므로, 태양과 행성 간의 거리는 일정하지 않지만, 면적속도, 곧 단위시간당 그리는 부채꼴의 넓이는 항상 같다는 뜻이다.

케플러의 넓이 법칙(Kepler's law of areas)이라고도 불리는 케플러의 제2법칙은 행성의 궤도운동이 일정하지 않다는 점을 말하는데, 이는 타원궤도를 알기 전부터 알려졌던 사실이다. 행성이 원운동을 하면 행성과 태양과의

---

* 물체에 작용하는 모든 힘들의 합력, 즉 두 가지 이상의 힘이 물체에 작용할 때 물체가 받는 순 힘. 실제로 물체의 운동상태를 바꾸는 힘이다.

거리는 언제나 일정하다. 그러나 타원궤도이면 행성과 태양의 거리는 수시로 변한다. 행성이 태양에 가장 근접할 때의 위치를 근일점, 가장 멀어질 때의 위치를 원일점이라고 한다. 행성이 궤도운동을 할 때 그 속도는 근일점에서 빨라지며 원일점에서 느려진다.

행성의 속도와 무관하게 단위시간당 행성이 궤도상을 훑고 지나가는 부채꼴의 넓이가 항상 일정하도록 유지되는 것은 각운동량 불변의 법칙이 작용하여 행성의 각운동량이 늘 보존되기 때문이다.

19 케플러의 조화의 법칙은 무슨 '조화'인가요?

A 행성의 공전주기와 타원궤도의 긴반지름 사이에 조화로운 특별한 관계가 있다는 뜻이다. 공전주기는 궤도의 긴반지름이 클수록 커지는데, 그 정도는 공전주기의 제곱이 긴반지름의 세제곱에 비례한다. 수식으로 나타내면 다음과 같다.

$a^3/p^2 = K$ (a: 타원궤도의 긴반지름. p: 행성의 공전주기)

이 법칙의 적용 실례를 들면, 태양에서 화성까지의 거리는 태양에서 지구까지의 거리의 1.52배이기 때문에 1.52^3은 3.51이다. 반면에 화성 1년의 길이는 지구 1년 길이의 1.88배이기 때문에 1.88^2는 3.53이다. 두 값을 각각 소수점 둘째 자리에서 반올림하면 같은 값이 나온다.

이를 이용하면 이미 알려진 행성들의 성질과 비교하는 방식으로, 어떤 행성의 주기만으로 태양에서 그 행성까지의 거리를 알 수 있다. 이 법칙은 관측 가능한 모든 행성에 보편적으로 적용되기 때문에 '조화의 법칙'이라고도 불리며, 케플러의 주기의 법칙이라고도 한다. 케플러는 이 법칙을 발견해 지동설의 근거를 굳혔다.

이 법칙은 인공위성에도 적용되므로, 지구로부터의 거리에 따라 인공위성의 주기가 결정된다. 특히 정지위성이 되기 위해서는 위성의 주기가 지구의 자전주기인 24시간이 되어야 하기 때문에 지구로부터 약 36,000km 떨어져 있어야 한다는 계산이 나온다.

특기할 점은 케플러의 제3법칙에 원운동의 일반적인 성질을 결합시키면 만유인력의 법칙이 유도된다는 것이다. 만유인력의 법칙을 발견해 인류의 과학 발전을 크게 앞당긴 뉴턴은 만유인력의 법칙을 세우는 데 있어 케플러의 법칙이 큰 도움이 되었다는 고백을 편지로 쓴 적이 있다. 하지만 그의 〈프린키피아〉에는 케플러에 대한 감사의 말이 한 마디도 들어 있지 않다.

20 행성이 깨지거나 폭발할 가능성이 있나요?

A 이것을 알기 위해서는 먼저 모든 천체들이 왜 공처럼 둥근가 하는 이유를 알 필요가 있다. 물론 중력 때문이다. 행성이 몽땅 얼음으로 뭉쳐진 경우에는 지름이 600km, 암석일 경우에는 지름이 400km를 넘으면 강한 중력으로 스스로의 몸통을 주물러 둥근 꼴로 만든다. 강한 중력으로 스스로를 붙들고 있는 만큼 깨어질 염려는 없다. 우리 지구는 지름(적도)이 12,756km나 되므로 아주 안전하다.

천체가 이만한 크기가 못되면 감자처럼 울퉁불퉁해질 수 있다. 화성의 작은 두 위성과 소행성들을 보면 그런 형편을 알 수 있다.

또 항성은 내부의 메커니즘에 의해 갑자기 폭발할 가능성도 있을 수 없다. 그럴 만한 물리현상은 전혀 확인된 바가 없다. 일부 SF 소설에서 이런 얘기를 다룬 것도 있지만, 공상일 뿐이다. 지구 중력 에너지에 거슬러, 지구를 산산이 분해해버릴 만한 에너지는 어떤 화학적 과정이나 핵 과정에서도 생겨나지 않는다.

21 각 행성은 지구에 비해 태양으로부터 어느 정도 에너지를 받고 있나요?

A 물리학에서는 역제곱의 법칙(inverse square law)이 중요하게 다루어진다. 역제곱 법칙은 3차원 공간에서의 힘이 퍼지는 것으로 해석할 수 있다. 중력장과 전기장 등은 3차원 공간으로 퍼져나가고, 이때 어떤 거리에 대해 퍼져나가는 단면은 2차원이다. 즉, 받는 힘은 넓이에 반비례하므로 거리의 제곱에 반비례한다. 중력, 전자기력, 빛의 세기 등이 모두 역제곱의 법칙에 따른다.

행성이 태양으로부터 받는 에너지의 양도 역제곱의 법칙에 따르는 만큼 단위면적당 받는 태양 에너지는 거리에 반비례한다. 즉, 거리가 2배 멀면 받는 에너지는 4분의 1로 줄어든

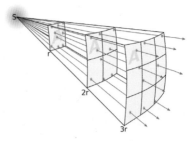

▶ 역제곱 법칙을 설명하는 그림. 한 면적 안의 선 개수는 거리의 제곱에 반비례한다. (wiki)

다. 명왕성은 지구에 비해 태양으로부터 40배 먼 거리에 있기 때문에 지구가 받는 에너지의 1,600분의 1을 받을 뿐이다.

22 태양계에 중심이 있습니까?

A 중심이 있긴 하지만 끊임없이 변동하는 중심이다. 질량이 있는 물체 사이에는 만유인력이 작용한다. 태양과 지구에도 작용하고, 지구와 달에도 작용한다. 두 천체 간에 작용하는 힘은 같다. 하지만 지구는 태양을 중심으로 돌지만 태양은 지구를 중심으로 돌지 않는다. 그렇다면 이 두 천체는 무엇을 중심으로 해서 돌까? 바로 질량중심을 기준으로 해서 돌고 있다. 질량중심이 지레 받침대 같은 역할을 하는 셈이다.

아래와 같은 두 개의 천체가 있을 때 두 천체의 질량중심과 그것을 구하는 방법은 다음과 같다.

$a : b = m/(m+M) : M/(m+M)$

이 식을 태양과 지구에 적용하면 태양의 질량은 지구의 약 33만 배가 되므로 두 천체의 질량중심은 거의 태양의 중심에 찍힌다. 따라서 지구는 태양의 중심을 기준으로 해서 공전한다고 할 수 있다. 지구와 달의 경우에는 지구가 달보다 약 81배 무겁기 때문에 질량중심이 지구 반지름의 약 3/4 지점인 지구 안쪽에 찍힌다.

태양계는 태양 주위를 도는 수많은 천체의 집적이지만 총체적인 질량중심은 존재한다. 그 중심은 행성들의 위치에 따라 복잡한 루프를 그리며 태양 안팎으로 끊임없이 변동한다. 그 변화에 특히 큰 영향을 미치는 것이 목성의 위치다. 전 행성의 질량 중 71%를 목성이 차지하기 때문이다.

23 | 태양 빛이 각 행성에 닿는 데 시간이 얼마나 걸리나요?

A 우주에는 방위도 없고 기준도 없다. 오로지 초속 30만km로 달리는 빛이 유일한 불변 기준이다.

1초에 지구 7바퀴 반을 도는 빛이 지구로부터 달까지 닿는 데 1.3초 걸린다. 강력한 새턴 V 로켓을 장착한 아폴로 11호가 달까지 가는 데는 꼬박 3일이 걸렸다. 빛은 그토록 빠르다. 하지만 우주의 척도로 보면 느리기가 달팽이 못잖다. 가장 가까운 이웃 별인 프록시마 센타우리(4.2광년)에 마실 갔다 오는 데도 10년 가까이 걸리니까 말이다.

태양에서 지구까지 1억 5천만km를 빛이 달려오는 데는 8.3분, 수성은 3.2분, 금성 6분, 화성 13분, 목성 43분, 토성 79분, 천왕성 159분, 해왕성 246분, 그리고 행성은 아니지만 명왕성까지는 5.5시간이 걸린다. 한 나절이면 빛이 드넓은 태양계 행성 영역을 관통한다는 뜻이다.

1977년 지구를 떠난 이래 40년째 운행을 계속하고 있는 보이저 1호는 태양계를 벗어나 2018년 1월 1일 현재 지구로부터 약 210억km 떨어진 성간 공간을 날고 있는 중이다. 이 거리는 지구-태양 간 거리의 140배(140AU)에 해당하는 거리로, 초속 30만km의 빛이 달리더라도 꼬박 20시간이 걸리는 아득한 거리다.

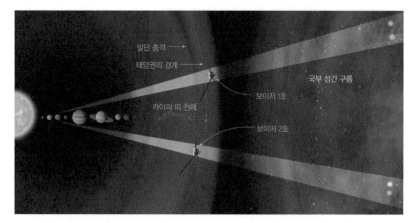

말단 충격

태양권의 경계

카이퍼 띠 천체

국부 성간 구름

보이저 1호

보이저 2호

▶ 우주 척후병 보이저 1, 2호의 현위치. NASA의 허블 우주망원경이 미지의 우주공간을 날고 있는 보이저 1, 2호의 여정을 담은 로드 맵. 그림에서 원뿔꼴은 보이저를 추적하는 허블 망원경의 시야다. (NASA)

24 지구 이외의 천체에 생명이 존재할까요?

A 현재까지 태양계에서 지구 외의 어떤 천체에서도 어떤 생명체도 발견한 적이 없다. 그러나 생명체가 발견될 가능성이 높은 후보들이 몇 있다.

먼저 지구와 같은 암석 행성인 화성은 생명체가 거주할 가능성이 가장 높은 후보로 꼽히고 있다. 19세기 말부터 20세기 초까지 화성 표면에 긴 선처럼 얽혀 있는 운하가 존재한다는 주장이 있었지만, 20세기 전반 해상도 높은 관측사진으로 조사해본 결과 '운하'란 일종의 착시였음이 밝혀졌다. 1965년 매리너 4호가 크레이터 투성이의 메마른 화성 지표의 사진을 찍었을 때에야 비로소 화성 운하설은 막을 내렸다.

그러나 여러 증거로부터 미루어볼 때 화성이 과거에는 지구처럼 바다가

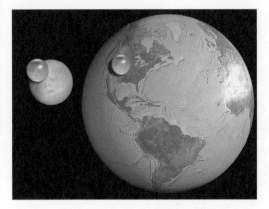

▶ 목성의 위성 유로파(왼쪽). 지구의 모든 물을 뭉치면 지구 지름의 1/10 남짓인 지름 1,400km의 공이 된다(오른쪽). 유로파 바다의 물은 그보다 2~3배 많을 것으로 추정된다. (Kevin Hand(JPL/Caltech), Jack Cook(Woods Hole Oceanographic Institution), Howard Perlman(USGS))

있었으며, 지금보다 더 생명이 살기에 적합한 환경이었던 것으로 추정되고 있다. 70년대 중반 미국의 바이킹 탐사선은 화성 표면에서 미생물을 탐지하기 위한 실험을 수행했고, 2008년 7월 NASA(미항공우주국) 화성 탐사선 피닉스가 화성에 물이 존재함을 확인했다.

현재 화성 표면을 누비면서 미션을 수행하고 있는 탐사차는 2004년에 도착한 NASA의 오퍼튜니티, 2012년에 도착한 큐리오시티 로버가 있다. 그러나 실제 화성에 생명이 존재한 적이 있는가 하는 질문에 대해서는 아직 확실한 답을 얻지 못하고 있다.

다음의 생명 서식 후보지는 행성이 아니라 위성이다. 목성의 유로파와 토성의 엔셀라두스, 타이탄이 최근 유력한 생명 서식 천체로 떠올랐다.

유로파는 1610년 갈릴레오가 발견한 이른바 갈릴레이 4대 위성 중 하나다. 전체 지름은 달(3,476km)보다 약간 작은 3,122km로, 4대 위성 중에서는 가장 작으며, 3.55일에 목성을 한 바퀴 돈다.

목성 탐사선 갈릴레이는 1995년 목성 궤도에 안착한 뒤 유로파의 얼음 표면 아래 염분이 있는 바다가 있다는 사실을 알려왔다. 과학자들은 갈릴레이가 유로파에 추락하면 방사능 물질로 바다 환경을 오염시켜 생명체를 해칠 우려가 있다고 생각한 나머지 2003년 갈릴레이를 목성에 충돌시켰다.

유로파의 바다는 최대 수심 100km에 이르는 것으로 추정되는데, 이는 지구에서 가장 깊은 바다인 마리아나 해구의 수심이 11km인 것과 비교하면 엄청난 깊이다. 만약 정말로 유로파의 표면 아래 바다가 있다면 아마도 지구 바닷물보다 2~3배 많을 것으로 추정되고 있다. 2009년 미국 애리조나 대학 연구팀은 유로파 표면을 덮고 있는 바다 속 산소량이 기존에 알려진 것보다 100배 많으며, 물고기가 살고 있을 가능성이 매우 높다는 연구 결과를 발표하기도 했다.

이 바다를 탐사하기 위해 탐사 로봇을 투입할 계획인 NASA는 그 사전 조사를 위해 2011년 태양광으로 움직이는 우주선 주노를 목성을 향해 발사했다. 총 11억 달러(한화 약 1조 2천억 원)를 투입한 주노는 2016년 7월 5일에 목성에 도착했으며, 2018년 2월까지 목성 궤도를 32회 선회하면서 미션을 수행하고, 2021년 7월 목성에 추락할 예정이다.

다음의 생명 후보지는 토성의 위성 엔셀라두스다. 엔셀라두스는 60여 개에 이르는 토성의 위성 중 하나로 지름이 500km 정도에 불과한 아주 작은 위성이다. 2014년 4월, 카시니호의 탐사에 의해 엔셀라두스에서 바다가 발견되면서 생명체가 존재할 가능성이 가장 높은 곳으로 지목됐다. 특히 이 바다는 인, 황, 칼륨 같은 물질이 함유된 것으로 전해졌다.

중력을 이용한 측정에 따르면 엔셀라두스 남극에 있는 바다는 얼음 표층으로부터 30~40km 아래에 있으며, 바다의 깊이는 약 10km다. 면적은 미국 최대 호수인 슈피리어 호(82,103km²)와 비슷하다. 특히 바다의 수증기가 물기둥처럼 우주공간으로 치솟고 있어 외계생명체의 존재를 확인하는

▶ 햇빛을 반사하는 타이탄의 바다. NASA의 토성 탐사선 카시니 호가 보내온 이 근적외선 컬러 모자이크 사진은 타이탄의 북극해가 태양 광선을 반사하는 광경이다. (NASA)

데 최적의 환경으로 평가받는다.

이러한 얼음 행성들은 거의 그 내부에 바다를 가지고 있을 것으로 추정되며, 토성과의 강력한 중력 상호작용으로 인해 바다는 액체 상태에서 미생물들을 포함하고 있을 것으로 보여지고 있다. 이런 이유로 엔셀라두스는 우주생물학자*들이 가장 가고 싶어하는 천체의 하나로 꼽히고 있다.

또 다른 후보지 타이탄은 태양계에서 지구와 가장 닮은 위성으로 생명이 있을 가능성이 높은 곳으로 여겨지고 있다. 여기에는 직접 탐사선이 착륙했다. 카시니 – 하위헌스 미션에서 가장 감동적인 대목은 하위헌스 탐사선의 타이탄 착륙이었다. 60여 개에 이르는 토성의 위성 중 가장 큰 타이탄은 우리 달보다 50%나 더 크며, 질량은 거의 두 배에 이른다.

2004년 12월 모선에서 분리된 하위헌스는 타이탄 표면을 향해 위험천만인 하강을 시작했다. 2005년 1월 얼음 자갈이 뒹구는 타이탄 표면에 착륙하는 데 성공한 하위헌스는 배터리가 나갈 때까지 한 시간 이상 데이터를 송출했다. 그 덕분에 타이탄 표면 온도가 메탄이 액체로만 존재할 수 있는 영하 179도나 된다는 것을 알 수 있었다.

---

* 생물의 탄생과 진화의 과정을 규명하여 지구 이외의 천체에서 생명체가 존재할 가능성을 밝혀내고, 이런 생물들의 생명유지 활동이 일어나는 발생과 과정을 예측하는 학문이 우주생물학(Astrobiology)이다. 미국의 천문학자 칼 세이건이 처음 열었다.

타이탄 표면에는 액체 상태의 물은 없지만, 대신 액화 천연가스와 비슷한 탄화수소의 바다가 존재한다는 사실이 카시니의 관측을 통해 확인되었다. NASA는 이 타이탄의 바다에 생명이 서식하고 있을 가능성이 매우 높다고 보고, 착륙선 대신 잠수함을 보내 타이탄의 바다 속을 탐사할 계획을 검토하고 있다. 만약 이 계획이 이루어진다면 역사상 최초의 외계 바다 속을 탐사하는 쾌거가 될 것이다.

이상에서 살펴본 바와 같이 아직까지 지구 바깥에서 생명체가 발견된 사례는 전무하다. 앞으로 우주 탐사가 지속된다면 언젠가는 생명체가 발견될지도 모른다. 만약 그런 일이 실현된다면 역사상 최대의 사건이 될 것이며, 지구의 종교, 사상계에 미칠 영향은 지동설이나 진화론, 우주팽창 이상일 것이다.

25 행성의 질량은 어떻게 측정하나요?

A 가장 먼저 행성의 질량을 구한 사람은 1797년 영국의 천재 물리학자 헨리 캐번디시(1731~1810)였다. 물론 그가 질량을 알아낸 행성은 자신이 사는 지구였다.

그가 이용한 기구 역시 단순한 것으로, 막대기 양끝에 작은 금속 공을 달아 마치 천칭 저울처럼 실로 매단 비틀림 저울이었다. 작은 금속 공 옆에 큰 금속 공을 놓고 공 사이에 작용하는 인력에 의해 막대기가 비틀리는 정도를 측정했다. 비틀림 정도를 통해 그는 만유인력 상수를 얻었으며 이것으로 지구의 질량을 정확히 계산했다.

중력이란 것이 큰 규모에서는 지구를 공전시키고 물체를 낙하시키는

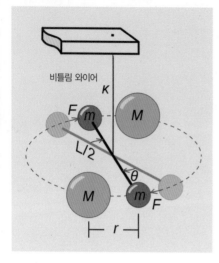

비틀림 와이어

κ

F　m　M

$L/2$

M　θ　m　F

r

▶ 캐번디시의 비틀림 저울 개념도. (wiki)

강한 힘을 보이지만, 사실 자연계에 작용하는 4가지 힘 중에서도 가장 약한 것으로, 1m 떨어진 3톤짜리 두 트럭 사이에 작용하는 중력의 힘은 모래알 하나를 움직일 정도다. 뉴턴의 만유인력 법칙에 따르면, 두 물체 사이에 작용하는 중력은 두 물체의 질량의 곱을 그들 사이의 거리 제곱으로 나눈 값에 비례하며, 그 비례상수는 중력상수 G로 나타낸다.

거의 1년에 걸친 정밀한 측정 끝에 캐번디시는 중력상수 값을 구해냈고, 그것으로 계산한 결과, 지구의 질량이 6×10^{21}톤, 지구 밀도는 5.48이라고 발표했다. 이는 오늘날 초정밀 장비를 사용해 얻은 지구 질량 값에 1% 정도의 오차밖에 안 나는 것이다.

행성 질량을 측정하는 직접적인 방법은 위성의 궤도 반지름과 주기를 이용해 측정하는 방법이다. 뉴턴 역학에 의해 주기와 거리가 중심 천체의 질량과 함수관계로 연결되어 있기 때문이다. 지구 질량은 달까지의 거리와 공전주기를 이용해 쉽게 구해진다. 금성 등, 위성이 없는 행성의 경우는 일종의 인공위성 역할을 하는 탐사선을 보내 행성 부근을 지날 때 궤도가 얼마나 교란되는지를 조사하여 그 행성의 질량을 측정한다. 행성의 크기를 아는 경우에는 그 조성의 일반적인 밀도를 가정하여, 상당히 정확한 질량을 얻을 수도 있다.

이 경우 케플러 제3법칙을 이용하여 지구의 질량을 구하는 방법도 있다. 이 제3법칙은 행성의 공전주기 T의 제곱은 타원궤도의 긴반지름 r의 세제곱에 비례한다는 것이다. $T^2 = k \times r^3$ (k는 상수).

26 티티우스 – 보데의 법칙이란 무엇입니까?

A 행성들이 태양으로부터 일정한 거리만큼 떨어져서 규칙적으로 분포한다는 경험 법칙을 말한다.

고대 그리스의 철학자·수학자인 피타고라스는 우주는 수로 이루어져 있다고 선언하고, 모든 자연현상 뒤에 숨어 있는 수의 조화를 알아내야 한다고 주장했다. 피타고라스와 비슷한 생각으로 자연현상 속에서 수의 조화 또는 수의 법칙을 찾아내려고 했던 많은 과학자들이 태양으로부터 행성까지의 거리에서 어떤 규칙을 발견하려고 노력했던 것도 당연한 일이었다.

그러한 노력 끝에 발견된 티티우스 – 보데의 법칙은 행성들의 궤도 반지름을 측정하는 공식으로서, 독일의 수학자인 J. J. 티티우스가 1766년에 발견하고, 1772년

▶ 태양계 개념도. 행성들의 배치에 숨어 있는 '조화'에 가장 먼저 눈을 돌린 사람은 요하네스 케플러였다. 하나님은 기하학자라고 생각했던 그는 마침내 행성운동에 숨어 있는 수의 비밀을 찾아내 천문학과 점성학을 확연히 분리시켰다. (NASA)

베를린의 천문학자 요한 보데가 세상에 소개한 법칙이다.

공식은 d=0.4 + (0.3×2n)이며, 이웃하는 두 행성 간의 거리는 태양으로부터 안쪽으로 놓여진 이웃하는 두 행성 간의 거리의 두 배의 관계에 있다는 것이다. d는 행성의 궤도 반지름을 말하며, n = -∞, 0, 1, 2, 3, 4, 5는 각각 수성, 금성, 지구, 화성, 소행성대, 목성, 토성을 의미한다. n=3인 소행성대를 제외하면 나머지 행성의 궤도 반지름은 실제와 매우 일치한다.

n=3인 소행성대는 1801년 이탈리아의 천문학자 G. 피아치가 소행성 세레스를 발견함으로써 증명되었다. 그러나 해왕성과 명왕성의 경우 이 법칙에 맞지 않으므로 이 법칙은 행성이 태양에서 멀어질수록 궤도 반지름이 증가한다는 규칙을 설명하는 의미로 받아들여지고 있다.

행성	수성	금성	지구	화성	목성	토성	천왕성	해왕성
n	-∞	0	1	2	4	5	6	7
보데의 법칙	4	7	1	16	52	100	196	388
실제 거리	3.9	7.2	1	15.2	52	95.4	192	300

• 행성까지의 거리와 보데의 법칙

27 제9의 행성이 있을까요?

A 아직까지 발견된 제9행성은 없다. 그 존재를 예측하는 가설은 존재하지만 그것이 앞으로 발견될 것인지는 아무도 모른다.

영어로 플래닛 나인Planet Nine이라 하는 제9행성은 행성 반열에서 탈락하기 전 명왕성을 가리키는 말이었고, 그전에는 제10행성이라 일컬어졌다.

1930년 제9행성 명왕성을 발견한 미국의 클라이드 톰보는 그후로도 로웰 천문대에서 제10행성을 찾는 데 열정을 쏟았다. 천왕성이나 해왕성의 이상 움직임으로 보아 제10행성도 반드시 존재할 거라는 믿음이 퍼져 있었기 때문이다. 그러나 그 이상 정도가 워낙 미미하여 해왕성 경우처럼 계산서를 뽑기는 불가능했다.

▶ 제9 행성을 밤의 반구 쪽에서 바라본 것을 상상한 작품. 오른쪽 위에 태양이 밝은 별처럼 보인다. 이 그림에서는 천왕성, 해왕성과 같은 얼음 가스 행성을 가정했다. (wiki)

그래서 톰보는 몸으로 때우는 방법을 취했는데, 무려 17년 동안 온 하늘의 70% 이상을 촬영하여 일일이 대조하는 대장정에 올랐던 것이다. 웬만한 끈기로는 엄두도 못 낼 일이었지만, 끈기의 결과는 허무했다. 16등성보다 밝은 미지의 행성을 결국 발견하지 못했던 것이다.

그후로도 제10행성을 찾으려는 노력이 몇몇 사람들에 의해 계속되었지만, 성공하지는 못했고, 명왕성이 행성에서 탈락하는 바람에 명칭만 제9행성 찾기로 바뀌었을 뿐이다.

명왕성이 행성 지위를 잃은 이후 제9행성의 존재 가능성을 처음으로 제기한 건 2014년 채드윅 트루히요 미국 노던애리조나대 교수와 스콧 셰퍼드 미국 카네기과학연구소 연구원이다. 태양에서 200AU 떨어진 거리에 주변 소천체를 중력으로 끌어당기는 미지의 행성 9가 존재하는 것으로 추정된다고 과학저널 〈네이처〉에 발표했다. 이는 태양에서 명왕성까지의 거리보다도 5배 먼 거리다. 트루히요 교수는 "카이퍼 띠 소천체들의 움직임이 일반적이지 않았는데, 이를 해왕성의 영향으로 보기엔 해왕성과 소천체들 사이의 거리가 너무 멀다"고 설명하면서 카이퍼 띠를 이루는 소천체들이 행성 9의 파편일 수도 있다고 주장했다.

2016년 초 행성 9의 존재에 대한 증거를 찾았다는 새로운 주장이 제기되었다. 주인공은 미국 캘리포니아 공과대학(칼텍) 마이클 브라운과 콘스탄틴 배티진 교수로, 〈천문학 저널〉에 명왕성 너머에 행성 9가 존재한다는 증거를 찾아냈다고 발표했다. 이 가설은 해왕성 바깥 천체(TNOs)가 보여주는 비정상적인 공전궤도 형태를 설명하기 위해 제기되었는데, 이에 따르면, 행성 9의 공전궤도는 타원형이며 그 주기는 15,000년이다. 태양으로부터의 평균 거리는 약 700AU로, 태양 – 해왕성 거리의 20배에 이른다. 그러나 궤도가 크게 찌그러져 있기 때문에 태양에 가장 가까이 접근할 때는 200AU, 가장 멀 때는 1,200AU까지 물러나며, 궤도경사각은 30도로 추정했다. 또한 이 행성의 질량은 지구의 10배, 반지름은 2~4배로 예측했다.

마이클 브라운은 제9행성이 천왕성 및 해왕성과 비슷한 얼음 가스행성일 것으로 추정했지만, 과연 이런 거대 행성이 발견될는지는 미지수다. 다만 2014년 유사한 연구에서는 26,000 천문단위 이내에 목성급(지구 질량의 318배) 행성은 없다는 결과가 나왔다.

2017년 6월에는 코리 생크먼 캐나다 빅토리아대 교수팀이 카이퍼 띠 소천체 4개를 정밀 분석했지만 미지의 행성으로부터 영향을 받은 흔적은 찾지 못했다는 논문을 발표했다. 천체망원경으로 해왕성 너머의 우주 영역을 관측하는 '태양계 외곽 기원 조사(OSSOS)'를 수행한 결과, 그 같은 결론에 도달했다고 밝혔다.

만약 제9행성이 발견된다면 언론에서 쓰이는 행성 9(Planet Nine)라는 이름을 떼어내고 로마 신화에 나오는 신들의 이름 중 하나를 받게 될 것이다. 국제천문연맹은 최초 발견자가 제시한 이름에 우선권을 부여하여 이를 검토한 뒤 정식명칭으로서 공식 발표하게 된다.

제9행성은 과연 존재할까? 그것은 아무도 모른다. 우주에는 우리 상상을 뛰어넘는 일들이 너무나 많으므로 어느 날 문득 제9행성이 우리 앞에 장엄한 모습을 드러낼지도 모를 일이다.

지구 종말을 가져올 거라는 행성 X가 정말 있나요?

A 음모론자들이 지구의 종말을 가져올 거라고 주장하는 행성 X(Planet X)는 아직 발견된 바 없다. 앞으로 발견될 가능성이 있다고 보기도 어렵다. 매스컴에서는 흔히 섞어 쓰지만, 행성 X는 천문학자들이 찾고 있는 제9의 행성과는 다른 개념이다.

행성 X의 존재를 주장하는 음모론자에 따르면, 지금 이 순간에도 은하 저 먼 곳에서 목성 3배 크기인 행성 X가 다가온다고 한다. 이 행성 X는 자기마당이 강력하여 한번 태양계에 올 때마다 지구에 대격변을 일으킨다고 한다. 그들은 지금까지 지구의 문명국들을 망하게 한 원인이 3,650년마다 찾아오는 이 행성 X라고 주장하며, 2012년이 다가오는 3,650년과 딱 맞아떨어진다고 한다.

2012년이 다가오자 전 세계적으로 니비루Nibiru라는 행성이 지구와 충돌할 거라는 주장이 퍼져, NASA까지 나서 근거 없는 주장이라고 일축한 해프닝이 있었다. 결과적으로 2012년이 지나도록 행성과 지구의 충돌은 일어나지 않아 음모론자들의 주장은 거짓으로 드러났다. 지난 90년대 한국사회를 떠들썩하게 했던 휴거 소동과 다를 바 없다.

행성 X는 고대 수메르인들의 니비루 신화에서 비롯되었다. 수메르 신화

▶ 행성 X 가설의 창시자 퍼시벌 로웰. 구경 61cm 굴절망원경으로 관측하고 있다. (wiki)

에 따르면 12행성 니비루와 5행성의 충돌로 인해 지구, 달 등이 생겨났다고 한다.

만일 목성 크기의 3배인 행성이 정말 있어서 지구와 태양 사이로 돌입한다면 그 전에 태양계는 망가지고 지구는 자전과 공전을 멈추게 되며, 인류의 멸종은 피할 수 없게 될 것이다.

음모론자들의 주장은 거짓으로 드러났지만, 그렇다고 명맥이 영 끊긴 것은 아니다. 니비루 충돌설은 오늘날까지 다양한 음모론의 형태로 재생산되고 있다.

2017년에는 영국의 음모론 연구자인 데이비드 미드가 행성 X가 8월 지구와 근접해 인류의 절반이 사망할 수 있다는 주장을 내놨다고 보도되기도 했다. 물론 이 같은 주장의 과학적 근거는 희박하다. 그럼에도 불구하고 이런 음모론이 끊이지 않는 것은 세상에는 늘 관심을 끌고 싶어하는 부류가 있게 마련이며, 어떤 경우에는 돈벌이도 되기 때문이다.

29 태양계는 어떤 구조를 하고 있나요? 또 끝은 어디인가요?

A 태양계 구조는 중심에서 전 태양계 천체들을 중력으로 붙잡고 있는 태양을 비롯해, 그 둘레를 도는 8개의 행성들과 각 행성에 소속되어

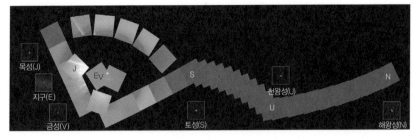

▶ 태양계 가족사진. 보이저 1호가 1999년 지구로부터 약 60억km 떨어진 명왕성 부근에서 지구 쪽을 돌아보며 찍은 사진. 한 프레임에 다 담기지 않아 여러 컷으로 찍어 조합했다. 화성은 태양광에 가려 안 보인다.

있는 수백 개의 위성, 수천 개의 소행성들을 그 뼈대로 하고 있다.

전 태양계 천체들의 총질량 중에서 태양이 차지하는 비율은 무려 99.86%에 달한다. 그러니 나머지 0.14%가 우리 지구를 비롯한 모든 태양계 천체들을 이루고 있다는 말이다. 게다가 태양계에서 에너지를 생산하는 천체는 항성인 태양이 유일하다. 태양이 에너지를 내놓지 않으면 태양계 안에는 아메바 한 마리도 살 수가 없다.

이처럼 절대 지존인 태양에 가까운 순서대로 암석형(지구형) 행성인 수성, 금성, 지구, 화성이 돌고 있으며, 그 다음에 약 4천 개의 대가족을 이루는 소행성대(asteroid belt)가 존재한다. 이후 목성, 토성, 천왕성, 해왕성의 순서로 가스형(목성형) 행성들이 같은 평면궤도를 돈다.

그 바깥에는 얼음덩어리들과 미행성들이 모여 구성된 카이퍼 띠(Kuiper belt), 원반대역(scattered disk)*이 있으며, 가장 바깥쪽에는 커다란 공처럼 태양계를 감싸고 있는 오르트 구름(Oort cloud)이 있다. 유성체, 혜성과 성간 물질 등은 태양계 소천체(SSSB:small solar system bodies)로 분류된다.

---

* 해왕성의 바깥 궤도에 얼음덩어리, 운석, 미행성들이 결집해 있는 영역의 하나. 30AU보다 먼 영역에 있으며, 소천체들이 거대 가스 행성의 중력으로 인해 흩어진 상태로 존재하며, 끊임없이 해왕성의 중력에 섭동하는 것으로 알려져 있다.

단주기 혜성의 고향인 카이퍼 띠는 태양으로부터 30~50AU 지역에 형성되어 있으며, 장주기 혜성들의 고향인 오르트 구름은 태양으로부터 5만 AU(1광년이 조금 못 됨), 멀게는 10만AU(1.87광년) 거리에서 태양계를 둘러싸고 있다.

지금은 행성에서 탈락했지만, 어쨌든 명왕성까지가 60억km(40AU)인데, 태양에 가장 가까운 프록시마 센타우리까지의 거리는 약 40조km이므로, 태양계의 끝은 대략 두 별의 중력이 상쇄되는 중간선인 20조km 정도로 본다. 그럴 경우 태양계 속에서의 행성계 크기는 그것의 1/4,000에 불과하다. 이것은 야구공 하나와 전체 야구장 크기의 비율에 해당된다.

30 태양계도 움직이나요?

A 움직인다. 그것도 엄청 빠르게. 지금 이 순간에도 지구가 태양 둘레를 쉼없이 달린다는 사실은 알 것이다. 그 속도가 무려 초속 30km다.

그런데도 우리는 왜 못 느낄까? 우리가 지구라는 우주선을 타고 같이 움직이고 있기 때문이다. 바다 위를 고요히 달리는 배 안에서는 배의 움직임을 알 수 없는 거나 마찬가지다. 이것

▶ 태양계의 실제 움직임. 태양의 그 자식인 행성들을 데리고 초속 200km로 은하 둘레를 돌고 있다. (유튜브 영상 캡처)

을 갈릴레오의 상대성 원리라고 한다.

우리 태양은 오리온 팔로 불리는, 은하 바깥쪽 나선팔 안에 있다. 은하면에서 북쪽으로 약 50광년, 은하핵으로부터 약 3만 광년 떨어진 지역이다. 이 가장자리에서 태양은 모든 식솔들을 이끌고 시속 70만km, 초속 200km로 은하를 돌고 있다. 이처럼 맹렬한 속도로 달리더라도 은하를 한바퀴 도는 데 무려 2억 3천만 년이나 걸린다. 이는 곧, 광대한 태양계란 것도 은하에 비한다면 망망대해 속의 미더덕 하나라는 얘기다. 하긴 은하라는 것도 이 대우주의 크기에 비한다면 역시 대양 속의 거품 하나에 지나지 않는다. 그래서 어떤 천문학자는 '신이 인간만을 위해 이 우주를 창조했다면 공간을 너무 낭비한 것'이라고 푸념하기도 했다.

태양이 은하를 한 바퀴 도는 데 걸리는 시간을 1은하년이라 한다. 태양의 은하년 나이는 25살쯤 된다. 앞으로 그만큼 더 나이를 먹으면 태양도 생을 마감하게 된다. 적색거성으로 태양계 모든 행성들과 함께 종말을 맞을 것이다.

31 **지구로부터 가장 멀리 간 우주선을 알고 싶어요.**

A 인간이 만든 물건으로 지구로부터 가장 멀리 날아간 우주선은 보이저 1호다. 1977년 지구를 떠난 이래 운행을 계속하고 있는 보이저 1호는 2017년 9월 5일로 만 40년을 맞았다. 태양계를 벗어나 성간 공간으로 진입한 유일한 우주선인 보이저 1호는 2018월 1월 1일 현재 지구로부터 약 200억km 떨어진 우주공간을 날고 있는 중이다.

이 거리는 지구-태양 간 거리의 140배(140AU)에 해당하는 거리로, 초속

▶ 성간 공간에 진입한 보이저 1호. 인간이 만든 물건으로 지구로부터 가장 멀리 날아간 우주선이다. (NASA)

30만km의 빛이 달리더라도 꼬박 20시간이 걸리는 아득한 거리다. 총알 속도의 17배인 초속 17km의 속도로 날아가고 있는 722kg짜리 인간의 피조물인 보이저 1호는 인간이 만든 물건으로는 가장 우주 멀리 날아간 기록을 세우고 있는 중이다.

보이저 1호가 공식적으로 확인된 성간공간 진입 시간은 출발 35년 만인 2012년 8월로, 탐사선을 스치는 태양풍 입자들의 움직임으로 확인되었다. 태양계 최외각의 행성들을 지나온 보이저는 최초로 진입한 성간공간에서 각종 데이터를 지구로 보내오고 있는 중이다. 데이터로부터 최근 확인된 상황은 태양으로부터 온 '거품(Bubbles)' 효과의 관측으로, 이것이 바로 보이저 1호가 성간공간으로 들어섰다는 사실을 확인해준 것이다.

본래 태양계 바깥쪽의 거대 행성들인 목성, 토성, 천왕성, 해왕성을 탐사하기 위해 발사된 보이저 1호는 당시 최신 기술이던 중력도움을 사용하도록 설계된 탐사선이다. 중력도움은 행성의 중력을 이용해 우주선의 공짜 가속을 얻는 기법이다. 보이저는 이 기법을 이용해 목성 중력에서 시속 6만km의 속도 증가를 공짜로 얻었다.

보이저 1호는 1979년 목성에 약 35만km까지 다가가 아름다운 목성의 모습을 촬영했다. 당시만 해도 미지의 행성이었던 목성의 대적점(거대 폭풍)과 대기가 처음 포착되면서 목성의 비밀이 하나씩 벗겨지기 시작했다. 이

'내 엉덩이를 걷어차다오!'
– 중력도움, 우주의 당구공치기

현재 인류가 가진 자원과 로켓으로 태양의 중력을 뿌리치고 나아갈 수 있는 한계는 목성 정도까지다. 그럼 무슨 힘으로 보이저나 뉴호라이즌스는 명왕성 너머까지 그처럼 빠른 속도로 날아갈 수 있었을까? 답은 중력도움(gravity assist)이다. 중력 보조라고도 하는데, 영어로는 스윙바이(swing–by), 또는 플라이바이(fly–by)라고 하며, 한마디로 '행성궤도 근접 통과'로 행성의 중력을 슬쩍 훔쳐내는 일이다.

그랜드피아노만 한 크기에 무게는 478kg인 뉴호라이즌스가 발사될 때의 탈출속도는 지구 탈출속도인 11.2km를 훨씬 넘는 초속 16.26km로, 지금까지 인간이 만들어낸 물체 중 가장 빠르게 지구를 탈출한 것으로 기록되었다. 그런데 탐사선이 1년을 날아가 목성에 근접해서는 이 중력도움 방법으로 초속 4km의 속도를 공짜로 얻었다. 이로 인해 명왕성으로 가는 시간을 약 3년 단축할 수 있었다.

중력도움을 간단히 설명하자면, 탐사선의 속도를 높이기 위해 천체의 중력을 이용한 슬링숏 기법으로, 행성의 중력을 이용해 우주선의 가속을 얻는 기술이다. 탐사선이 행성의 중력을 받아 미끄러지듯 가속을 얻으며 낙하하다가 어느 지점에서 적절히 진행 각도를 바꾸면 그 가속을 보유한 채 새총알처럼 튕기듯이 탈출하게 된다. 행성의 각운동량을 훔쳐서 달아나는 셈이다. 말하자면 우주의 당구공치기쯤 되는 기술이다. 행성의 입장에서 본다면 우주선의 엉덩이를 걷어차서 가속시키는 셈으로, 이론상으로는 행성 궤도속도의 2배에 이르는 속도까지 얻을 수 있다.

현재까지 인류가 개발한 로켓의 힘으로는 겨우 목성까지 날아가는 게 한계지만, 이 스윙바이 항법으로 우리는 전 태양계를 탐험할 수 있게 된 것이다.

듬해에는 토성에서 12만km 지점에 접근해 토성의 고리가 1,000개 이상의 선으로 이뤄졌고 고리 사이에는 틈새기가 있다는 사실을 밝혀냈다.

인류의 우주탐사 꿈을 싣고 한 세대를 지나는 세월 동안 고장 한 번 나지 않은 기적의 항해를 이어가고 있는 보이저 1호는 목성, 토성을 지나며 보석 같은 과학 정보들을 지구로 보낸 후, 인류 역사상 처음으로 태양계를 벗어나 미지의 영역인 검은 우주 속으로 돌진하고 있는 중이다.

우리와 가장 친한 별

지구와 달

"지구는 푸른빛이다. 얼마나 놀라운가. 경이롭다!"

천문학 역사상 가장 위대한 발견은
우주 안의 모든 별들이 지구에 있는
원소들과 동일한 종류로 이루어져 있음을
알아낸 것이다.

블루 마블

우주에서 지구를 바라다보면 가장 먼저 드는 감정은 비현실적으로 신비하고 아름답다는 느낌이다. 흙과 돌, 물로 이루어진 둥근 덩어리가 우주공간에 둥실 떠 있는 광경은 참으로 낯설게 보일 것이다.

이런 사진이 처음으로 촬영된 것은 1972년 12월 7일, 아폴로 17 우주비행사가 달로 가던 길에 지구에서 4만 5,000km 떨어진 곳에서 찍은 사진이다. 지구 행성을 휘감고 있는 푸른 바다, 흰 얼음에 덮인 남극대륙과 불그레한 아프리카, 인도양의 사이클론까지 어우러진 광경은 숨막히는 아름다움으로 보는 이를 압도한다. 아, 저기가 바로 우리 70억 인류가 아웅다웅하며 살고 있는 곳이구나! 이 놀라운 사진은 고유명사를 뜻하는 'The'를 붙여 더 블루 마블The Blue Marble이라고 불린다.

그 신비하고 아름답다는 느낌 뒤에 바로 따라붙는 것은 저렇게 연약하다니, 하는 감정이다. 끝 모를 흑암의 바다에 홀로 떠서 반딧불처럼 반짝이는 사진 속 작은 지구는 우주의 입김 한 번이면 어디론가 날아가버릴 것같이 보인다. 그런데도 사람들은 얼마나 저기서 함부로 분탕질을 치는가. 지금이라도 소중히 지켜줘야만 할 것 같은 느낌을 불러일으키는 이 사진은 '지구의 날'(4월 22일) 행사의 상징이 됐고, 환경운동이 널리 확산되는 촉매 역할을 했다.

인류 최초로 한 시간 반이라는 짧은 우주여행을 마치고 한순간에 '소련의 영웅'으로 탄생한 러시아의 유리 가가린은 인터뷰에서 이렇게 소감을 밝혔다. "멀리서 지구를 바라보니 우리가 서로 다투기에는 지구가 너무 작다는 것을 깨달았다."

지구는 우주 속의 기적이다. 이 지구를 떠나 인류가 살 수 있는 곳은 현

▶ NASA의 달정찰궤도선(LRO)이 달 궤도에서 최상의 위치에 왔을 때 찍은 '블루 마블'. 푸른 바다와 육지, 그리고 흰구름이 어우러진 장엄하고도 아름다운 지구의 전체 모습이 크레이터 물결처럼 굽이치는 검은색 달의 지평선 위에 걸려 있는 광경이다. 달의 표면에서 볼 때 지구는 뜨거나 지는 일이 없다. 조석고정으로 인해 항상 달의 한 면이 지구를 향해 있기 때문이다. (NASA)

재론 없다. 있다 하더라도 갈 수가 없다. 가장 가까운 이웃 별 프록시마 센타우리에 가는 데만도 8만 년이 걸린다. 그러므로 지구가 망가지면 제2의 지구를 찾아가면 된다는 생각은 망상이고, 그런 주장은 무책임할 뿐이다. 지구는 1회용 페트병이 아니다. 지구 온난화를 부르는 이산화탄소와 메탄 등 온실 기체는 산업화가 시작된 1750년 이후 각각 36%, 148% 증가했다. 이 같은 증가율은 지난 80만 년간 증가 수준보다 높은 것이다. 지금 세대가 지구를 망가뜨린다면 우리에게는 미래가 없고, 우리 후손들에겐 현재가 없을 것이다.

32 지구는 왜 공처럼 둥근가요?

A 지구가 공처럼 둥근 것은 중력의 작용 때문이다. 지구가 공처럼 둥글다는 사실을 인류가 맨처음 직접 눈으로 확인한 것은 1972년 12월

7일이었다. 달로 향하던 아폴로 17호의 승조원들이 되돌아본 지구의 모습은 푸른 구슬 하나가 우주에 둥실 떠 있는 광경이었다. 선장 유진 서넌은 이 광경을 렌즈에 담았고, '푸른 구슬'이라는 뜻의 블루 마블The Blue Mable 이라는 이름으로 가장 유명한 천체사진으로 등극했다.

이처럼 지구가 공같이 둥근 것은 중력의 세기가 거리와 밀접한 관계가 있기 때문이다. 물질은 중력으로 뭉쳐지게 되는데, 중력은 중심에서 작용하는 힘으로, 중력의 방향은 항상 물체의 중심으로 향한다. 중심에서 주위의 어느 쪽으로도 치우쳐지지 않는 균형된 중력의 세기를 유지하는 도형, 그것이 바로 구인 것이다. 자연은 이유 없이 어떤 것을 특별히 봐주지 않는다. 이처럼 방향에 구애받지 않는 성질을 구대칭이라 한다.

좀더 구체적으로 설명하면, 중력은 물체를 위치 에너지가 높은 곳에서 낮은 곳으로 움직이게 만들므로 물질들은 위치 에너지가 낮은 곳에서부터 쌓이기 시작한다. 따라서 높낮이가 심한 표면의 울퉁불퉁함이 점차 매끈하게 변형된다. 덩치가 큰 행성의 중력은 중심을 향해 구형 대칭으로 작용하기 때문에 물질이 구형으로 쌓이게 되면서 공 같은 구형을 이루게 된다.

이는 지구뿐 아니라 별이나 큰 행성, 위성들도 마찬가지다. 천체의 지름이 700km가 넘으면 중력의 힘이 압도적이 되어 제 몸을 둥글게 주물러 구형으로 만드는 것이다. 이에 비해 작은 소행성들이 감자처럼 울퉁불퉁하게 생긴 것은 덩치가 작아 제 몸을 둥글게 주무를 만한 중력이 없기 때문이다.

그런데 사실 지구는 완전한 구체는 아니다. 극 지름보다 적도 지름이 43km 더 긴 배불뚝이다. 하지만 그 비율은 0.3%에 지나지 않으므로 거의 완벽한 구형이라 할 만하다. 가스 행성인 목성이나 토성은 더 심한 배불뚝이인데, 그것은 자전속도와 깊은 관계가 있다. 축을 중심으로 빠르게 자전하는 천체는 적도 방향으로 원심력이 작용하므로 적도 부분이 부풀게 되는 것이다.

A 5, 6살짜리가 대뜸 잘하는 이런 질문을 받는다면 대개는 좀 당황하게 마련이다. 어떻게 하면 잘 알아듣게 설명할 수 있을까? 모범 답안을 작성해보도록 하자. 우선, '지구의 중력으로 그 사람들을 꽉 붙잡고 있기 때문'이라고 말한 다음 중력의 개념을 잘 설명해야 한다.

모든 물체 사이에는 서로를 끌어당기는 힘이 작용한다. 두 물방울이 가까워지면 찰싹 달라붙는 것도 같은 이치다. 이것은 온 우주에 다 통하는 법칙이다. 그래서 만유인력의 법칙이라 한다.

우리가 땅바닥에서 아무리 뛰어올라도 이내 털썩 떨어지고 마는 것은 만유인력 때문이다. 이 힘을 중력이라 한다. 그러니까 지구의 반대쪽(한국의 정반대쪽은 남미 우루과이 부근이다) 사람들이 지구에서 떨어지지 않는 것도 우리와 같이 지구가 꽉 잡아주고 있기 때문이다. 사람뿐 아니라, 모든 물체도 마찬가지다. 그쪽 사람들에게는 지구 중심 쪽이 아래가 되고 그 반대쪽이 위가 되는 것이다.

지구가 구체라는 것을 알았던 아리스토텔레스도 지구 반대쪽 사람들이 아래로 떨어지지 않는 것은 모든 물체가 우주의 중심인 지구 중심으로 향하려는 본성이 있기 때문이라고 설명했다. 원인에 대한 설명은 틀렸지만 현상에 대한 설명은 맞은 셈이다.

만물이 서로 끌어당기는 힘인 만유인력의 법칙을 발견한 사람은 1666년 영국의 아이작 뉴턴이었다. 전하는 말로는, 사과가 땅으로 떨어지는 것을 보고 만유인력을 발견했다고 한다. 그때 하늘에 달이 빛나고 있었는데, 사과는 떨어지는데 달은 왜 떨어지지 않을까 생각하다가, 문득 달도 떨어지고 있는 중이라는 사실을 깨달았다. 하지만 달은 지구로 떨어지는 동시에 옆으로 진행하고 있으므로, 이 두 운동의 결합이 지구 주위를 도는 궤도로 나타난다고 보았던 것이다. 만약 지구가 달을 끌어당기는 작용을 하지 않는다면 달은 일직선으로 지구를 지나쳐버렸을 것이다.

마침내 그는 사과가 아래로 떨어지는 데는 어떤 힘이 작용하며, 그 힘은 행성을 포함해 우주 만물에 적용된다는 사실을 깨달았다. 지구가 태양 둘레를 도는 것 역시 마찬가지다. 지구와 태양은 서로를 잡아당긴다. 말하자면 서로를 향해 끊임없이 떨어지고 있는 것이다. 사과가 땅에 떨어지는 것은 지구에 비해 사과가 너무나 가볍기 때문이다.

중력이란 것이 큰 규모에서는 지구를 공전시키고 물체를 낙하시키는 강한 힘을 보이지만, 사실 자연계에 작용하는 힘 중에서도 가장 약한 것으로, 1m 떨어진 3톤짜리 두 트럭 사이에 작용하는 중력의 힘은 모래알 하나를 움직일 정도라 한다. 뉴턴의 만유인력 법칙에 따르면, 두 물체 사이에 작용하는 중력은 두 물체의 질량의 곱을 그들 사이의 거리 제곱으로 나눈 값에 비례하며, 그 비례상수는 중력상수 G로 나타낸다. 식으로 나타내면 다음과 같다.

$$F = G \ \frac{m_1 m_2}{r^2}$$

34 지구가 팽이처럼 돈다는데, 우리는 왜 그걸 못 느끼나요?

A 회전목마를 타면 빙빙 도는 것을 느낄 수 있는데, 지구가 하루에 한 바퀴씩 자전하는데도 우리는 그것을 느낄 수가 없다. 그 이유는 대체 뭘까? 회전목마를 타고 돌면 나 혼자만 돌지만, 지구를 타고 돌면 지구

와 내가 같이 돌기 때문이다.

고요한 바다를 선창을 가린 채 등속으로 미끄러지듯 달리는 배를 타고 있다면, 우리는 그 배가 달리는지 서 있는지를 확인할 방법이 없다. 배 안의 수도꼭지에서 떨지는 물방울도 수직으로 떨어진다. 모든 물리법칙이 지상에서와 똑같이 작동하는 것이다. 이 법칙을 갈릴레오가 가장 먼저 발견하여 갈릴레오의 상대성 원리라고 한다.

지구는 24시간에 한 바퀴 도니까, 지구 둘레 4만km를 달리는 셈이다. 적도지방에 사는 사람이라면 1초에 500m씩 이동당하고, 북위 38도쯤에 사는 서울 사람들은 초속 400m로 이동당하는 셈이다. 이는 음속을 넘는 수치로, 시속 1,500km에 달하는 맹렬한 속도이다. 그런데도 우리가 못 느끼는 이유는 우리가 지구라는 우주선을 타고 같이 움직이고 있기 때문이다.

그뿐 아니다. 지구는 지금 이 순간에도 당신을 싣고 태양 둘레를 쉼없이 달리고 있는 중이다. 반지름이 1억 5천만km인 원둘레를 1년에 한 바퀴 도는데, 이것이 무려 초속 30km의 속도다.

또 있다. 우리 태양계 자체가 은하 중심을 초점으로 하여 돌고 있다. 시속 70만km라니까, 초속으로 따지면 약 200km다. 이처럼 맹렬한 속도로 달리더라도 은하를 한 바퀴 도는 데 걸리는 시간은 무려 2억 3천만 년이나 된다.

어쨌든 이 정도만 해도 멀미가 날 것 같은데, 이게 아직 끝이 아니다. 우리은하 역시 맹렬한 속도로 우주공간을 주파하고 있는 중이다. 우리은하가 속해 있는 국부 은하군 전체가 처녀자리 은하단의 중력에 이끌려 초속 600km로 달려가고 있는 중이다.

마지막 결정적으로, 우주 공간 자체가 지금 이 순간에도 빛의 속도로 무한팽창을 계속해가고 있으며, 무수한 은하들 중에 한 모래알인 우리은하

지구 자전을 눈으로 보여주는 '푸코의 진자'

'푸코의 진자'는 두 종류가 있다. 하나는 소설이고, 하나는 긴 끈이 달린 추다. 장편소설 '푸코의 진자'를 쓴 사람은 이탈리아의 철학자이자 역사학자인 움베르토 에코(1932~2016)로, 영화화되기도 한 베스트셀러 소설 '장미의 이름'을 쓴 작가다.

두 번째 '푸코의 진자'는 프랑스의 과학자 레옹 푸코(1819~1868)가 지구의 자전을 증명하기 위해 고안해낸 장치다. 지구가 자전한다는 것은 오래 전부터 알려진 사실이지만, 그것

▶ 흔들리는 추 아래의 지구가 자전하고 있음을 보여주는 푸코의 진자. (wiki)

을 직접 눈으로 볼 수 있는 실험으로 증명한 첫 사례가 바로 이 푸코의 진자다. 1851년 푸코는 파리에 있는 판테옹의 돔에서 길이 67m의 끈을 내려뜨려 28kg의 추를 매달고 흔들었다. 추에는 바늘이 달려 있어, 추 아래의 모래바닥에 추의 움직임을 기록하게 했다. 하루가 지나자 공의 궤적은 처음 흔들리던 그대로였지만, 바늘이 그린 선은 천천히 오른쪽으로 회전하여 완전한 원이 되었다. 이는 추가 흔들리는 방향은 지구가 자전해도 변하지 않는 반면에 지구가 돌기 때문에 바닥이 같이 돌기 때문이다. 바닥에 서 있는 우리가 볼 때는 추가 지구 자전 방향의 반대쪽으로 틀어지는 것처럼 보인다. 이는 지면이 회전하는, 다시 말해 지구가 자전하는 것임을 보여주는 증거다.

이 개념이 머리에 잘 안 그려지는 사람은 상상력으로 하는 '사고 실험'을 해보면 된다. 지축의 북극점 위에 하늘에서 내려온 푸코의 진자가 있다고 치자. 이 진자를 흔들어 아래 눈바닥에 흔적을 남기게 한다면 만 하루 만에 진자의 흔적은 오른쪽으로 돌아 완전한 원을 그리게 된다. 지구가 자진축을 중심으로 한 바퀴 자전하기 때문이다.

푸코는 이처럼 진자를 사용해서 지구의 자전을 실험적으로 증명할 수 있음을 보여주었고, 이 업적으로 당시 최대 영예였던 영국왕립협회의 코플리 메달을 받았다.

현재 파리의 판테옹 돔 아래 푸코의 진자 복제품이 1995년 이후 영구적으로 진동하고 있으므로 파리에 가면 한번 들러볼 것을 권한다.

속, 태양계의 지구 행성 위에서 우리가 살고 있는 것이다. 이는 실제 상황이다. 하지만 우주는 너무나 조화로워, 우리는 바람 한 줄기에 흔들리는 잎을 바라보며 평온 속에 살아가고 있는 것이다.

35 하늘은 왜 푸른가요?

A 하늘빛이 푸른 것은 공기 중의 기체 분자가 햇빛 속의 푸른빛만을 붙잡아 산란시키기 때문이다.

햇빛이 아무런 색도 없어 보이지만, 많은 색깔이 합쳐진 것이란 사실을 최초로 발견한 사람은 17세기 영국의 아이작 뉴턴이었다. 햇빛으로 프리즘을 통과시켜보니, 무지개 색깔로 나뉘어지는 것을 발견했던 것이다.

전자기파인 햇빛이 공기를 통과할 때 파장보다 매우 작은 입자에 의해 산란되는데, 이러한 현상을 레일리 산란(Rayleigh scattering)이라고 한다. 하늘이 푸르게 보이는 주된 이유는 레일리 산란의 결과로, 대기 속에서 파장이 짧은 태양광의 파란빛이 붉은빛보다 훨씬 많이 산란되기 때문이다. 곧, 공기 중의 입자(주로 산소나 질소)는 가시광선 빛의 파장 크기보다 훨씬 작아 빛이 그의 파장보다 작은 입자를 만날 경우, 푸른빛은 무수히 붙잡혀 모든 방향으로 산란된다. 그리하여 푸른빛이 온 하늘에 가득히 퍼지게 되고 마침내 우리 눈에 들어오게 된다. 그 결과 하늘이 푸르게 보이는 것이다.

이런 이유로 지구의 상징색은 푸른빛, 블루blue다(참고로, 화성의 하늘은 살굿빛이라 상징색이 분홍이다).

이러한 현상을 발견하여 하늘이 푸른 이유를 처음으로 설명한 이는 1871년 영국의 물리학자 존 레일리(1842~1919)였다. 레일리 산란이란 이름이 붙은 것은 그 때문이다. 그러니까 인류가 하늘이 푸른 까닭을 처음으로 알아낸 것이 그리 오래 되지 않았다는 얘기다. 레일리는 이밖에도 아르곤을 발견하여 1904년 노벨 물리학상을 받기도 했다.

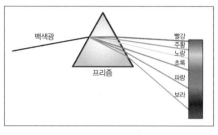

▶ 지구의 하늘이 푸른 이유를 설명해주는 레일리 산란.

해돋이나 해넘이 때 하늘이 붉은 것도 레일리 산란으로 설명할 수 있다. 해질녘과 해뜰 무렵의 태양빛은 더욱 두터운 대기층을 비스듬히 통과하기 때문에 파장이 짧은 푸른빛은 공기 중의 기체 분자에 의해 거의 다 산란되고, 산란이 잘 되지 않는 긴 파장의 붉은빛이나 주황빛이 주로 지상에 도달하므로 하늘이 불그스름하게 보이는 것이다.

36 태양은 왜 동쪽에서 떠서 서쪽으로 지나요?

A 사실 태양은 제자리를 지킬 뿐, 뜨거나 지거나 하지 않는다. 지구가 서쪽에서 동쪽으로 자전하는 통에 태양이 그렇게 움직이는 걸로 보일 뿐이다.

신호등에 걸렸던 내 차가 먼저 움직일 때 서 있는 옆 차가 뒤로 가는 것처럼 보이는 것과 똑같은 이치다. 따라서 지는 해를 바라볼 때, 내가 서 있는 지구의 현장이 지구 자전으로 인해 해로부터 멀어지는 것이며, 그 현장의 지구 서쪽 부분이 해를 가림으로써 밤이 시작되는 것이라고 생각하는 게 맞다. 서쪽 수평선이나 산마루에 걸린 해를 보면, 지는 속도가 예상 외로

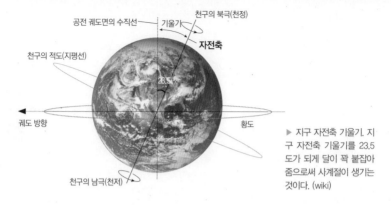

천구의 북극(천정)

공전 궤도면의 수직선 ── 기울기

천구의 적도(지평선)

자전축

23.5

궤도 방향

황도

천구의 남극(천저)

▶ 지구 자전축 기울기. 지구 자전축 기울기를 23.5도가 되게 달이 꽉 붙잡아 줌으로써 사계절이 생기는 것이다. (wiki)

빠름을 알 수 있다. 당신이 지금 서 있는 현장의 속도는 약 초속 370m다. 그 속도로 지구가 지금 맹렬히 돌아간다는 사실을 자각하면서 지구의 자전을 즐겨보기 바란다. 그 자전의 힘은 바로 지구가 46억 년 전 뭉쳐질 때의 각운동량이 그대로 유지되고 있는 것이다.

지구의 자전으로 인해 마치 해가 지는 것처럼 보이는 이런 현상은 달이나 별의 경우에도 마찬가지다. 달이나 별들도 모두 동쪽에서 떠서 서쪽으로 진다. 아니, 지는 것처럼 보인다. 이렇게 천체가 지구 하늘을 하루에 한 바퀴씩 도는 것을 일주운동이라 한다. 별의 일주 사진을 보면 수많은 동심원의 한가운데 별 하나는 움직이지 않는 것처럼 보인다. 바로 북극성이다. 지구 자전축을 연장할 때 북극점에서 만나는 별로, 모든 천체는 이 북극성을 중심으로 돌고 있는 것처럼 보인다. 이 북극성은 움직이지 않으므로 밤새 지는 일이 없다. 이런 별을 주극성週極星이라 한다.

그런데 지구가 하루에 한 바퀴씩 자전한다면 지표에 서 있는 사람은 얼마만한 속도로 이동하는 걸까? 지구 둘레는 4만km, 하루는 86,400초니까 나누면 초속 463m가 나온다. 음속(340m/s)을 돌파하는 속도다. 단, 이 경우는 적도선상에 사는 사람에게만 해당한다. 북위 38도에 사는 우리나라 사람의 경우, 초속 366m로 공간이동을 하는 셈이다.

이처럼 엄청난 속도로 움직이는데도 우리는 왜 전혀 느낄 수가 없을까? 그 이유는 나 자신이 지구와 같이 움직이기 때문이다. 땅도, 대기도, 구름도 마찬가지다. 이런 사실을 몰랐기 때문에 지구가 움직인다면 왜 우리가 그것을 못 느끼느냐 따지고 드는 천동설 쪽에 대해 지동설 쪽에선 대꾸할 답이 없었다. 여기에 최초로 과학적인 정답을 내놓은 사람은 갈릴레오 갈릴레이(1564~1642)였다. 그것을 갈릴레오의 상대성 이론이라 하고, 이를 바탕으로 아인슈타인의 상대성 이론이 나왔다.

37 사계절은 왜 생기는 걸까요?

A 지구의 자전축이 공전 궤도면에 대해 23.5도 기울어져 있어, 궤도상의 위치에 따라 지구 각 부분에 받는 햇빛의 양이 달라져 생기는 것이다.

흔히 지구와 태양의 거리가 변해서 계절이 생기는 것으로 오해하는 경우가 많은데, 거리에 따른 태양 에너지의 변화량은 1년에 기껏해야 3%에 지나지 않는다. 문제는 햇빛이 내리쬐는 각도, 곧 태양의 고도에 달려 있다.

서울을 예로 들면, 북위 38도쯤에 있는 서울은 하짓날 정오 무렵 태양의 고도는 약 76도에 이른다. 거의 머리 위에서 내리쬐는 셈이다. 반면, 동짓날 정오의 태양 고도는 29도밖에 안된다. 이처럼 비스듬히 햇빛이 비치니 지면이 받는 태양 에너지가 적어지게 마련이다. 게다가 태양의 고도가 낮을수록 일조 시간이 짧아진다. 하짓날 서울의 일조 시간이 약 14시간 30분인 데 비해, 동짓날 일조 시간은 9시간 40분밖에 안된다.

이래저래 겨울에 받는 태양 에너지의 총량은 여름에 비해 한참 떨어지

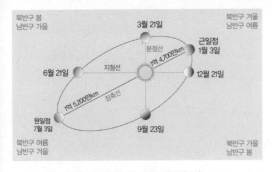

북반구 봄
남반구 가을

3월 21일

분점선

북반구 겨울
남반구 여름

근일점
1월 3일

6월 21일

지점선

1억 4,700만km

12월 21일

1억 5,200만km

정축선

원일점
7월 3일

9월 23일

북반구 여름
남반구 겨울

북반구 가을
남반구 봄

▶ 계절에 따른 지구와 태양의 상대적 위치. (wiki)

므로 날씨가 추운 것이다. 이처럼 계절은 지구 자전축의 기울기에 따른 태양의 고도에 밀접한 연관을 갖고 있다.

태양이 지구의 북극 쪽을 비출 때 북반구는 여름을 맞으며, 반대로 남반구는 겨울이 된다. 그 역도 성립되므로, 북반구가 겨울일 때면 남반구는 여름이 되어, 산타가 털옷을 입었다간 쪄 죽을 염려가 다분하다.

참고로 온대지방은 봄, 여름, 가을, 겨울의 사계절이지만, 열대나 아열대 지방에서는 강수량의 변화에 따라 우기와 건기로 나누고, 한대지방에서는 낮과 밤의 길이의 변화에 따라 백야와 극야로 나눈다. 또 고대 이집트에서는 세 계절로 나누었는데, 홍수철, 경작철, 수확철이 그것이다. 오스트레일리아의 어떤 원주민은 여섯 계절로, 스칸디나비아의 사미족은 여덟 개 이상의 계절로 나누었다고 한다.

나침반은 왜 지구 북쪽을 가리키나요?

A 지구는 그 자체로 하나의 거대한 자석이다. 그리고 자기마당이 지구 둘레를 넓게 감싸고 있다. 역시 자석으로 만들어진 나침반 바늘이 지구의 자기마당에 따라 정렬하기 때문에 바늘이 늘 북쪽을 가리키게 된다. 곧

지구의 자기마당이 나침반 바늘에 힘을 주어 바늘의 한 끝을 지구의 북쪽 자극으로 잡아당기는 한편, 반대쪽을 남쪽 자극으로 잡아당긴다. 자석의 이러한 성질을 이용해 나침반을 만들고 방위를 알아내는 데 쓰여지게 되었다.

최초의 나침반은 1세기경 중국인들이 만든 것으로 알려져 있는데, 고대 중국인들은 천연 자석이 자유롭게 움직일 수 있도록 놓았을 때 항상 같은 방향을 가리키는 것을 발견해서 나침반을 만들었고, 이를 이용해 집터 방향을 잡는 데 사용했지만, 이후 11세기 송나라 때 항해에 사용되기 시작했다. 이것이 아랍의 선원에게 전해져 자침을 항해에 사용하는 기술이 유럽에 전달되었으며, 이를 계기로 전세계에 보급되었다.

그런데 나침반의 바늘이 가리키는 방향이 지구 자전축이 있는 참북이 아니라 지구 자기마당의 북극, 곧 자북(magnetic north)이다. 나침반의 지면에서의 위치에 따라 참북과 자북 사이에 각도차가 발생하는데, 이를 자기편각이라고 한다. 서울 부근에서는 자북이 참북에서 약 4.5도 서쪽으로 벗어나 있다.

이처럼 지구가 가진 자석으로서의 성질을 지자기 또는 지구자기라 하는데, 지자기가 지구와 지구 주위에 영향을 미치는 영역을 지구 자기마당이라고 한다. 지구 자기마당은 지구 중심 부근에서 막대자석을 지구 자전축 방향으로 놓은 쌍극자 자기마당* 형상을 하고 있다. 그 외부는 태양 플라스마의 영향권이다.

지구 자기마당의 세기는 얼마나 될까? 자기마당 세기의 단위는 가우스인데, 보통 지표에서는 1가우스 정도 된다. 냉장고 자석의 세기가 보통 10~100가우스쯤이므로 그리 센 편은 아니라 하겠다. 그러나 자기마당 세

---

* 자석과 같이 한쪽은 N극, 반대쪽은 S극을 갖는 물질이 만드는 자기마당.

▶ 태양풍과 지구 자기마당. 지구 자기마당 방패가 강력한 태양풍을 막아내고 있다. (wiki)

기는 부피에 따라 다른 만큼, 지구보다 몇 배나 큰 지자기의 힘은 엄청난 것이다.

지구 자기마당의 자기력선은 태양 플라스마와 우주선을 포착하여 밴앨런 복사대[*]를 만들고, 양극 지역에서 오로라 현상을 일으킨다. 전리층 위의 영역은 자기권이라는 공간인데, 수십에서 수천 킬로미터까지 뻗어있다. 이 지역은 유해한 자외선으로부터 지구를 보호하는 오존층을 포함하고, 우주 광선으로부터 지구를 보호한다. 이 지구 자기마당이 지구를 감싸고 보호해주지 않았다면 강력한 태양풍에 의해 지구의 대기가 다 뜯겨나가고 말았을 것이다.

뿐만 아니라, 지자기는 동물의 삶에도 큰 영향을 미치는데, 조류의 경우 이 지자기 마당에 의지해 방향을 찾는다. 예컨대 비둘기가 가진 뛰어난 방향감각은 다름아닌 자기마당을 느끼는 감각 때문임이 밝혀졌다. 비둘기의 머리뼈와 뇌 사이에는 가로 2mm, 세로 1mm 크기의 자석이 있는데, 이 자석이 지구 자기마당과 반응하여 방향을 잡는 역할을 하는 것이다.

비둘기 외에도 자기 집을 찾아 돌아오는 능력을 가진 동물은 대체로 지구 자기마당을 느낄 수 있는 생체 자석을 지니고 있다. 지구 자기마당이 사라진다면 이런 생체 자석을 지닌 동물들이 자기가 가야 할 방향을 잃어버

---

[*] 지구자기축에 고리 모양으로 지구를 둘러싸고 있는 방사능대로, 처음 발견한 미국의 물리학자 J. A. 밴앨런의 이름을 따서 붙였다. 밴앨런 복사대의 내층은 지상에서의 높이가 지구 반지름의 약 1/20이고 대부분 고에너지의 양성자로 되어 있으며, 속도가 빠른 전자도 포함되어 있다.

리는 일이 벌어질 것이다. 이래저래 지구의 모든 생명은 이 지자기 마당에 크게 신세지고 있는 셈이다.

지구 자기마당은 남극과 북극이 붙박혀 있는 게 아니라, 시간에 따라 방향과 크기, 위치가 수시로 변하며 때로는 평균 몇십만 년 간격으로 역전해서 자북과 자남이 변화하는 원인이 된다. 과학적 측정에 의하면, 약 80만 년 전에 지구 행성의 자기마당 방향이 뒤바뀐 것이 발견되었다.

지구 자기마당의 정확한 생성 원인은 명확히 알려져 있지 않지만, 고온의 녹은 철로 이루어진 외핵의 대류운동에 의한 전자기 유도 현상, 즉 다이나모 이론으로 설명하는 학설이 주류이다.

39 지구 속에는 대체 뭐가 들어 있나요?

A 지름이 무려 12,700km나 되는 이 거대한 흙공 속에는 과연 무엇이 들어 있을까? 이 문제는 오랜 옛날부터 인류의 큰 궁금증 중의 하나였다. 지구의 밀도가 5.5인 데 비해 지각의 밀도가 3.3인 것으로 미루어보아, 지구 내부에는 물보다 몇 배나 무거운 물질이 들어 있을 거라고 짐작할 뿐이었다.

멀리 떨어진 별이 무엇으로 이루어진 건지 알 수 없었던 것과 마찬가지로, 지구 중심 역시 접근 불가인 점에서는 별이나 다를 게 없었다. 그러나 별의 구성물질을 별빛 분광학으로 알아냈듯이, 지진파 등을 이용해 지구의 중심 물질을 알아낼 수 있게 된 것이 20세기 들어서였다.

지구 내부를 관통하는 지진파의 굴절을 이용해 알아낸 지구의 내부는 크게 3개의 층으로 이루어져 있음이 밝혀졌다. 가장 안쪽에 있는 것부터

▶ 지구의 내부 구조, (wiki)

말하자면, 내핵, 외핵, 맨틀의 순서가 된다.

지표에서 지구 중심까지의 거리, 곧 지구 반지름은 약 6,350km인데, 내핵과 외핵이 그중 3,400km를 차지하고, 맨틀은 2,900km를 차지한다. 우리가 발을 딛고 사는 지각은 맨틀 위를 살짝 덮고 있는데, 두께가 겨우 몇십km에 지나지 않는다. 이것을 삶은 계란에 비유하면, 노른자위가 핵, 흰자위가 맨틀, 얇은 껍데기가 지각에 해당하는 셈이다.

참고로, 유고슬라비아의 지진학자 안드리야 모호로비치치(1857~1936)는 같은 장소에서 출발한 지진파 중 일부는 빨리 도착하고 일부는 늦게 온다는 것을 발견하고, 지각 아래에 지각과 다른 물질로 이루어진 게 있다는 사실을 알아냈다. 그래서 지각과 맨틀의 경계면을 모호로비치치 불연속면이라 부른다.

그렇다면 이들 3개 층을 이루는 물질은 무엇일까? 맨틀 아래에 자리잡고 있는 지구의 핵은 지름이 무려 7,000km로, 수성보다도 크다. 성분은 90% 이상이 철이라서 밀도가 아주 높다. 핵은 내핵과 외핵으로 나뉘는데, 내핵은 고체이고, 외핵은 액체이다. 곧, 고체가 액체 속에 잠겨 있는 꼴이다. 이 고체 철이 액체 속을 끊임없이 움직임으로써 전류를 생산하게 되고, 지구의 자석 성질을 만들어내는 것이다.

여기까지가 현대과학이 밝혀낸 지구의 대체적인 속사정이지만, 알아낸 것보다 모르는 게 훨씬 더 많다는 것도 사실이다. 최근에는 지구 속에 엄청난 바다가 숨어 있다는 주장이 나오는 것만 봐도 그 사정을 짐작할 수 있다. 우리가 발을 딛고 사는 지구도 참으로 오묘하고 신비스러운 존재라는 것을 느낄 수 있다.

대륙이 움직이고 있다는 게 사실인가요?

A 지구상의 모든 땅덩어리들은 조금씩 움직이고 있다. 적게는 1~2cm, 많게는 6~7cm씩 움직인다. 별것 아니라 생각할지 모르지만, 그건 사람의 기준으로 봤을 때 그렇고, 지구 나이 척도로 보면 엄청난 것이다. 일단 1억 년 단위로 보자. 매년 5cm만 움직인다 쳐도 5억cm, 곧 5,000km다. 대륙과 대륙의 자리가 뒤바뀌는 스케일이다. 이게 대륙이동설의 핵심이다.

대륙이동설은 독일의 기상학자인 알프레트 베게너(1880~1930)가 1915년에 제창한 학설로, 원래 하나의 초대륙超大陸(판게아Pangaea)으로 이뤄져 있던 대륙들이 점차 갈라져 이동하면서 현재와 같은 대륙들이 만들어졌다는 이론이다. 1910년 베게너는 남아메리카 대륙의 동해안선과 아프리카 대륙의 서해안선이 퍼즐 조각의 선처럼 아귀가 딱 맞는다는 것을 깨달았다. 이것이 대륙이동 아이디어의 시초다.

그의 판게아 이론에 따르면, 2억 5천만 년 전 지구상의 모든 대륙은 한 덩어리였다. 이것을 초대륙 또는 판게아라 하는데, 판게아란 '지구 전체'를 뜻하는 그리스 말에서 나왔다. 판게아의 탄생 후 맨틀 내의 물질이 움직이면서 그 위에 떠 있는 판게아도 이동하기 시작해 오늘날과 같이 6개의 큰 대륙으로 나뉘게 되었다는 것이다.

현재 판게아에서 갈라진 각 판의 크기는 지름이 수천km에 이르는데, 가장 규모가 큰 태평양판은 서태평양 해안부터 대서양 한복판까지 1만km 정

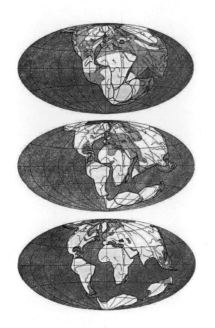

도 뻗어 있다. 그 외에 아프리카 판, 유라시아 판, 인도판, 북아메리카 판, 남아메리카 판으로 크게 나눌 수 있다. 이 판들이 끈적끈적한 맨틀 위에 떠서 천천히 움직이며, 지진 등 여러 가지 지질 현상을 일으킨다고 하는 이론을 판구조론이라 한다.

판들은 연간 몇cm씩 움직이는데, 판마다 이동 방향이 다르다. 판의 움직임은 세 가지 종류로 나눌 수 있는데, 판의 경계에서 서로 멀어지든가, 서로 부딪치든가, 스치든가 하는 것이다. 문제는 이 판들의 움직임에서 갖가지 지질

▶ 대륙이동. 2억 5천만 년 전 한 덩어리였던 초대륙 판게아가 차츰 갈라져 지금과 같은 여러 대륙으로 나뉘게 되었다. (wiki)

활동이 일어난다는 점이다. 이들 각 판의 경계에 지진대와 화산대가 자리 잡고 있다. 큰 지진과 활발한 화산 활동은 대부분 판의 경계에서 발생하며, 특히 태평양판 주변은 가장 활발한 지각 변동이 일어나는 곳이다. 만약 여러분이 지진이나 화산 폭발이 일어나는 것을 본다면, '아, 지금 지구의 판들이 움직이는구나' 하고 생각하면 틀림없다.

이 같은 판들의 움직임이 대륙의 역사를 만들어왔다고 해도 지나친 말이 아니다. 한 예로, 인도와 유라시아 대륙이 충돌해서 히말라야 산맥이 생

겼다. 아주 옛날엔 인도가 아시아와는 테티스 해라는 바다를 사이에 두고 남반구에 있었는데, 판의 운동에 의해 점점 북쪽으로 밀려올라와 유라시아 대륙 과 부딪쳤다고 한다. 에베레스트 산의 해발 8천m 부근에서 조개와 산호 등 바다에서 살던 생물들의 화석이 발견되고 있는 것도 테티스 해의 밑바닥이 들어올려진 증거라 할 수 있다.

북아메리카와 유럽은 지금도 1년에 약 2cm씩 멀어지고 있는 것으로 관측되고 있다. 지금부터 1억 년이 흐른 뒤면 지구의 대륙들도 정말 많이 바뀔 것이다. 만약 여러분이 그때까지 살아남아서, 오스트레일리아가 태국에 맞붙은 걸 본다 해도 놀라지 않기 바란다. 왜냐하면 지구는 살아 있는 행성이기 때문이다.

41 지구의 바다는 어디서 왔나요?

A 지구 행성의 가장 큰 특징은 바다를 가지고 있다는 것이다. 바다는 지구상에 최초로 생명이 탄생한 곳이며, 플랑크톤, 해조류, 어류, 포유류, 파충류, 갑각류 등의 많은 생명체가 살고 있다. 바다가 없었다면 인간은 물론, 어떤 생명도 지구상에 나타나지 못했을 것이다.

바다는 물의 행성 지구 표면을 약 71%나 덮고 있다. 바다의 면적은 3억 6천만km²에 이르고, 그 부피는 13억 7천만km³에 이른다. 바다의 평균 깊이는 4,120m, 최대 깊이는 마리아나 해구로 11,034m이다. 만약 육지를 모두 깎아내어 바다를 메운다면 지구는 평균 수심 2,700m인 물의 행성이 되고

---

* 아시아와 유럽 대륙을 아울러 부르는 이름.

▶ 충돌하는 소행성. 지구 바다는 소행성이 가져다준 것으로 보고 있다. (wiki)

만다.

지구상의 모든 물 중 바다가 차지하는 비중은 무려 97.5%나 된다. 바다, 강, 호수 할 것 없이 지구상 물의 총량은 약 14억km³인데, 이를 가지고 물공을 만든다면 지름이 1,400km로, 지구 지름 12,800km의 10분의 1보다 조금 클 뿐이다. 한반도 남북 직선 거리가 약 900km니까, 그보다 1.5배 큰 편으로, 생각보다 놀랄 만큼 작다. 이 크기는 지구의 달에 비해 절반에 못 미치고, 거의 대부분 물, 얼음으로 이루어진 토성의 위성 레아보다는 약간 더 큰 정도다.

태양계에서 바다를 가지고 있는 다른 천체로는 목성의 위성 유로파와 가니메데로 추정되고 있는데, 그중에서 지름 3,100km로, 지구의 달보다 약간 작은 유로파는 지구 바다보다 2~3배나 많은 물을 가진 바다가 지각 아래 있을 것으로 과학자들은 보고 있다. 이 바다에 다양한 성분의 암석과 물이 화학적인 반응을 일으켜 생명이 태어나지 않았을까 하고 예측되고 있는데, 이러한 이유로 유로파는 우주생물학자들이 가장 가고 싶어하는 곳이 되었다.

그렇다면 지구의 바다는 어떻게 생겨나게 되었을까? 기존의 가장 유력한 학설은 원시 지구 내부에 포함되어 있던 수증기와 가스가 화산활동을 통해 지표면으로 나와 두터운 구름층을 형성했고, 그것이 비로 내려 지구 표면의 움푹한 곳에 괸 것이 바다라고 한다.

지구의 표면 깊숙한 곳에 얼마나 많은 물이 갇혀 있는지는 여전히 학계에 큰 수수께끼로 남아 있다.

이에 반해, 지구의 바다는 외부에서 온 것이라는 학설이 크게 주목받고 있는데, 지구의 바다는 초창기 소행성 폭격 시대에 소행성들이 가져다준 것이라는 학설이다. 지구가 형성되고 한참 뒤에 물이 지구상에 왔다고 보는 기존의 가설과는 달리, 이번 학설은 지구와 내부 태양계에 물이 나타난 증거는 훨씬 시간을 거슬러올라간다는 것이다.

새 학설에 따르면, 원시 지구가 엄청나게 큰 소행성과 혜성들의 충돌로 격변의 시기를 겪는 와중에 초기에 있었던 물 분자들은 모두 증발하여 우주공간으로 날아가버렸고, 지금 지구상을 덮고 있는 물은 훨씬 뒤에 혜성이나 얼음과 가스 덩어리인 소행성들이 가져왔다고 보고 있다. 이처럼 바다가 지구 외부에서 온 것임은 분명하지만, 그것이 소행성에서 온 건지, 혜성에서 온 건지는 이제껏 밝혀지지 않은 미스터리로 남아 있었다.

태양계가 형성된 지 1억 년 안에 내부 태양계에서 만들어진 것으로 보는 과학자들은 지구 바다의 근원을 결정짓기 위해 수소와 그 동위원소인 중수소의 비율을 측정했다. 중수소란 수소 원자핵에 중성자 하나가 더 있는 수소를 말한다. 중수소는 지구상에서는 만들어지지 않는 원소이다. 외부 천체에서 발견된 물의 중수소 비율을 지구의 물과 비교해봄으로써 그 물이 같은 근원에서 나온 것인가, 곧 같은 족보를 가진 것인가를 알아낼 수 있는 것이다.

중수소의 비율을 측정한 결과, 지구 바다의 물과 운석이나 혜성의 샘플이 공히 태양계가 형성되기 전에 물이 생겨났음을 보여주는 화학적 지문을 갖고 있는 것으로 밝혀졌다. 이러한 사실은 적어도 지구와 태양계 내 물의 일부는 태양보다도 더 전에 만들어진 것임을 뜻한다.

물이 혜성이 가져온 게 아니라, 소행성들이 가져왔다는 사실이 밝혀진 것은 2014년 8월 67P/추류모프 – 게라시멘코 혜성에 도착해 탐사활동을 벌인 ESO의 로제타 혜성 탐사선에 의해서였다. 로제타에 장착된 이온 및 중성입자 분광분석기(Rosina)를 이용해 혜성의 대기 성분을 분석한 결과, 지구의 물과는 다른 중수소 비율을 가진 것으로 밝혀졌다. 중수소의 비율은 물의 화학적 족보에 해당하는 것으로, 지구상의 물은 거의 비슷한 중수소 비율을 갖고 있다.

이 같은 로제타의 분석은 혜성이 지구 바다의 근원이라는 가설을 관에 넣어 마지막 못질을 한 것으로 받아들여지고 있다. 지구의 바다는 바로 소행성이 가져다준 것이다.

당신이 오늘 아침에도 마시고 세수한 그 물이 알고 보면 지구나 태양보다 더 전에 만들어진 유구한 존재이며, 지구의 바다는 최소한 지구 역사에 버금가는 40억 년이 넘는 장구한 역사를 가진 존재인 것이다.

42 지구의 대기는 어디서 왔나요?

A 지구의 대기는 화산활동과 식물과 남조류의 광합성에서 생겨난 것이다.

지구 대기를 이루는 성분 중 78%가 질소, 21%가 산소, 나머지 1%에 아르곤, 이산화탄소 등 10여 종이 약간 들어 있다. 이중 질소는 지구 시초가 된 암석과 마그마 내부에 수증기, 이산화탄소 등과 같이 포함되어 있던 것으로, 이산화탄소는 물에 잘 녹아 바다에 녹아서 석회암이 되었고, 질소는 대기를 이루는 주성분이 되었다. 대기의 1/5을 차지하는 산소는 나중에 나타난 식물들이 광합성을 시작해서 생겨나 대기의 주요 성분이 되었고, 이에 바탕해 산소를 호흡하는 동물이 지상에 나타나게 된 것이다.

현재 지구 대기에 산소를 공급하는 가장 중요한 존재는 열대우림이다. 그래서 지구의 허파라고 불린다. 그런데 인간들의 무분

▶ 국제우주정거장에서 바라본 지구의 대기층. 위로 달이 보인다. 2011년 7월 31일 촬영. (ISS/ Johnson Space Center)

별한 개발행위로 열대우림이 무서운 속도로 줄어들고 있다. 지금 지구는 사람들로 인해 몸살을 앓고 있는 중이다. 이런 사람들의 행동을 보고 네덜란드 과학자 C. J. 브리예르는 이렇게 표현했다. "인간은 도자기 진열실에 들어간 코끼리처럼 자연을 짓밟고 있다."

대기가 존재하게 된 것은 지구의 중력 때문이다. 달은 중력이 약해서 대기가 거의 없다. 달 내부에서 스며나오는 약간의 가스가 있지만, 태양풍만으로도 충분히 날릴 수 있을 정도다.

지구 대기권은 고도에 따라서 생기는 중력의 차이와 구성분자의 밀도에 따라서 여러 층으로 나누어볼 수 있으며, 특성에 따라 지표면에서부터 대류권, 성층권, 중간권, 열권, 외기권의 다섯 층으로 나눌 수 있다. 각각의 층은 고도에 따라서 기온 차가 심한 것을 관측할 수 있다. 이와 함께 대기권은 비록 미소하지만 전자량에 따라서 전하가 가능한 전리층과 이것이 거의 없는 중성층으로 나누어볼 수도 있다.

오존층은 성층권인 15~30km 높이에 있는데, 오존 밀도가 상대적으로 높은 곳이다. 오존은 태양에서 오는 자외선을 흡수하여 산소로 바뀌는데,

만약 그대로 자외선이 지구 표면으로 들어오면 피부암이 생기거나 유전자 손상을 입을 수 있다. 현재 오존층은 대기 오염으로 1970년대 이래 평균 4% 감소했으며, 극지방은 햇빛이 약해 이곳의 오존층에 구멍이 뻥 뚫린 오존 구멍(ozone hole)이 생겨버렸고 그 크기가 점점 커지고 있다.

오로라가 생기는 영역은 지상 약 80~수백km의 열권으로, 이곳에서는 강력한 태양풍을 직접 맞아서 원자가 전리화되기 때문에 전리층으로 불리기도 한다. 강한 전리층은 전파를 반사하며, 이러한 반사 현상을 이용하여 원거리 무선통신을 하기도 한다.

지구 대기 질량의 약 90%는 고도 16km 이하인 대류권에 존재하며, 99.99997%는 열권 하단부에 있는 카르만 라인Kármán line이라고 불리는 100km 이하에 존재한다. 국제협약에 따르면 이곳은 우주 시작의 경계선이다. 한편, 에베레스트산 해발은 8,848m로, 민간 항공기는 연료 절약을 위해 10~13km 사이의 고도를 운항한다.

러시아 우주인 세레브로프는 우주에서 지구를 본 소감을 이렇게 표현했다. "우주에서 내려다보면 대기권은 지구를 둘러싸고 있는 반투명의 가냘픈 얇은 막이다."

지구 대기가 얼마나 가냘픈 막인가를 한번 점검해보도록 하자. 일단, 지구 지름이 약 12,700km이고, 대기 두께는 카르만 라인까지로 보아 약 100km라 치자. 이를 지구 지름으로 나누면 1/127밖에 안된다. 지구를 지름 15cm의 사과라 한다면 그 껍질이 1.2mm라는 얘기다. 지구 대기는 이토록 가냘프다. 이 가냘픈 외투를 걸치고 지구가 살고 있다. 이 가냘픈 막이 벗겨진다면 지구상의 모든 생물은 종말을 피할 길이 없다. 우리가 대기 보존에 힘써야 하는 이유가 여기 있는 것이다.

A 우리은하에 태양과 같은 별이 4천억 개나 있고, 우리은하와 같은 은하가 우주에 또 2천억 개나 있다. 이것이 대략 우주 속에 인류가 처해 있는 형편인 셈인데, 그러니 이처럼 드넓은 우주에서 우리 인간만이 산다고 믿는다는 것 자체가 불합리하고 터무니없는 소리처럼 들리기도 한다.

인류가 외계 생명체에 대해 구체적으로 관심을 기울이기 시작한 것은 20세기 후반 들어 미국의 아폴로 시리즈 등으로 본격적인 우주 진출에 나선 직후부터였다. 요즘 뉴스를 보면 제2의 지구니 슈퍼 지구니 하는 말을 자주 접하게 된다. 몇 년 전만 해도 이런 말을 듣기는 쉽지 않았다. 그러니까 이들은 새로운 용어인 셈이다. 그것도 인류의 미래와 직결된 엄청 중요한 용어로 자리매김되었다.

알 만한 독자는 눈치 챘겠지만, 제2의 지구란 낱말 속에는 인류의 위기의식이 스며 있다. 지금 이 순간에도 인류의 생존을 위협하는 일들이 지구상에서 어지러이 벌어지고 있지 않은가. 얼마 전 지구종말 시계 표시 시간이 '5분 전'에서 '3분 전'으로 앞당겨졌다고 언론매체들이 다투어 보도한 것만 봐도 그렇다. 이 시계바늘을 당기고 있는 것들은 핵무기, 지구 온난화 등으로, 인류가 개발해낸 기술문명이 인류의 멸망을 재촉하고 있음을 뚜렷이 보여주고 있다. 한 미래학자는 만약 지구가 종말을 맞는다면 그 원인은 인간의 어리석음 때문일 거라고 경고하기도 했다.

시시각각으로 지구 행성을 위협하고 있는 이 같은 위기상황은 과학자들로 하여금 제2의 지구를 찾아나서게끔 추동하고 있는데, 〈시간의 역사〉를 쓴 영국 물리학자인 스티븐 호킹은 인류가 앞으로 1,000년 내에 지구를 떠나지 못하면 멸망할 수 있다고 경고하면서 "점점 망가져가는 지구를 떠나지 않고서는 인류에게 새천년은 없으며, 인류의 미래는 우주탐사에 달렸다고 강조했다.

이 같은 위기 속에서 인류가 찾아나선 '제2의 지구(Earth 2.0)'란 말하자면 사람이 살 수 있는 지구 같은 외계행성(exoplanet)을 뜻한다. 그 필요조건을 정리해보면 다음과 같다.

1. 목성처럼 가스형 행성이 아니고 암석형 행성이어야 한다.
2. 지구처럼 모항성에서 적당한 거리에 있어 물이 액체로 존재할 수 있어야 한다.
3. 행성의 크기와 질량이 지구와 비슷해, 대기를 잡아두고 생명체가 살기에 적당한 중력을 유지할 수 있어야 한다.

두 번째 조건은 이른바 골디락스 존Goldilocks zone이라 불리는 '서식가능영역(habitable zone)'을 말한다. 영국 전래동화 〈골디락스와 세 마리 곰〉에 숲속에서 길을 잃고 헤매던 주인공 소녀 골디락스가 빈 집에서 너무 뜨겁지도 차갑지도 않은 따뜻한 죽을 맛있게 먹었다는 데서 비롯된 말이다. 태양계의 경우, 골디락스 존은 지구-금성 궤도 중간에서 화성 궤도 너머까지 걸쳐 있다.

'슈퍼 지구'는 지구처럼 암석으로 이루어져 있지만, 지구보다 질량이 2~10배 크면서 대기와 물이 존재해 생명체 존재 가능성이 큰 행성을 통칭한다. 슈퍼 지구의 특징은 중력이 강하고 대기가 안정적이며, 화산 폭발 등 지각운동이 활발하다는 점이다.

지금까지 슈퍼 지구는 글리제 876d 이후 여러 개 발견되었다. 우리 태양계에는 슈퍼 지구의 모델이 될 사례가 없다. 가장 큰 암석형 행성은 지구이며, 지구보다 한 단계 무거운 행성은 천왕성으로 지구 질량의 14배이다.

현재 외계행성을 찾기 위해 우주로 발사된 것은 2006년에 발사된 프

▶ 행성운동 3대 법칙을 발견한 케플러(왼쪽)와 그의 이름을 딴 케플러 우주망원경. 2009년 3월 취역한 이래 지금까지 1천 개 이상의 외계행성을 발견했다.

랑스우주국(CNES)과 유럽우주국(ESA)의 코롯 망원경(COROT:COnvection ROtation and planetary Transits)과 NASA의 케플러 망원경, 둘뿐이다. 둘 중에서 인류의 우주 진출을 결정지을 제2의 지구를 찾는 데 첨병 역할을 맡은 것은 NASA의 케플러 우주망원경이다. 이 망원경의 이름에 케플러가 붙은 것은 고난으로 점철된 삶을 살면서도 인류에게 행성운동의 3대 법칙을 선물한 독일 천문학자 요하네스 케플러(1571~1630)를 기리기 위함이다.

2009년 3월 6일, 우주로 올라간 케플러 망원경은 NASA가 개발한 우주 광도계를 이용하여 3년 반에 걸쳐 10만 개 이상의 항성들을 관측할 계획이었다. 총 6억 달러(약 6,800억 원)가 투입된 케플러 탐사선의 근무 연한은 4년이지만, 경우에 따라서는 6년으로 연장할 수 있다는 꼬리표가 붙었다.

2017년 현재까지 케플러 망원경이 찾아낸 행성 후보는 모두 4천여 개다. 이중 2,400개 가량이 외계행성으로 확인됐다. 특히 이중에는 지구와 크기와 기온이 비슷해 생명체가 있을 가능성이 있는 골디락스 존 행성 10개가 포함되어 있다. 이들 행성은 태양-지구 간의 거리와 비슷한 지점에서 모항성 주변을 돌고 있어 액체 상태의 물이 존재할 가능성이 있는 것으로 보인다.

외계 생명체, 대체 어디 있을까?
–페르미의 역설

'페르미 역설'이란 이탈리아의 천재 물리학자로 노벨 상을 받은 엔리코 페르미가 외계문명에 대해 처음 언급한 것이다.

페르미는 1950년 4명의 물리학자들과 식사를 하던 중 우연히 외계인에 대한 얘기를 하게 되었고, 그들은 우주의 나이와 크기에 비추어볼 때 외계인이 존재할 것이라는 데 의견 일치를 보았다. 그러자 페르미는 그 자리에서 방정식을 계산해 무려 100만 개의 문명이 우주에 존재해야 한다는 계산서를 내놓았다. 그런데 수많은 외계문명이 존재한다면 어째서 인류 앞에 외계인이 나타나지 않았는가라면서 "대체 그들은 어디 있는 거야?"라는 질문을 던졌는데, 이를 '페르미 역설'이라 한다.

관측 가능한 우주에만도 수천억 개의 은하들이 존재한다. 또 은하마다 수천억 개의 별들이 있으니, 생명이 서식할 수 있는 행성의 수는 그야말로 수십, 수백조 개가 있을 거란 계산이 금방 나온다. 그런데도 우리는 왜 아직까지 외계인들을 한번도 본 적이 없을까?

우주에는 우리 외에도 다른 문명이 있을 거라는 데 많은 과학자들은 동의한다. 그런데도 우리는 왜 외계인들을 한번도 본 적이 없는가? 그 이유는 항성간 거리가 너무나 멀어 어떤 문명도 그만한 거리를 여행할 수 있는 기술을 확보하지 못한 때문이라고 과학자들은 생각하고 있다.

장애의 또 하나는 통신수단의 문제다. 비록 외계문명이 존재한다 하더라도 그들과 교신하기에는 우리의 통신수단이 너무나 원시적이라 외계인들이 신호를 보내온다 하더라도 우리 기술로는 그것을 포착하지 못할 수도 있다는 것이다.

▶ 1974년 11월 보낸 아레시보 메시지의 내용. 밑에서부터 망원경, 태양계, 인류에 대한 정보, DNA의 분자, 세포핵, 중요 화학 원소, 수의 표현. (wiki)

또 다른 장애로는 시간의 문제가 있다. 우리 인류가 문명을 일구어온 지는 1만 년도 채 안된다. 우주의 긴 역사에 비하면 거의 찰나다. 다른 문명도 만약 그렇다면, 이 오랜 우주의 시간 속에서 두 찰나가 동시에 존재할 확률은 거의 0에 가깝다는 말이 된다. 이러한 것들이 바로 외계인을 만나기 힘든 가장 근본적인 장애들이다.

그러나 외계 지성체를 찾기 위한 지구 행성인의 노력은 지금도 계속되고 있다. 가장 대표적인 것으로는 외계의 지적생명탐사(Search for Extra-Terrestrial Intelligence; SETI) 운동으로, 외계 행성들로부터 오는 전자기파를 찾거나 그런 전자기파를 보내어 외계 생물을 찾는 것을 목적으로 한다. 1974년 11월에는 아레시보 천문대를 통해 메시지를 쏘아보냈다. 아레시보 메시지라는 이름의 이 메시지는 허큘리스 대성단을 목표로 발신되어 27000년 도착할 예정이다.

44 지구 종말은 언제 오나요?

A 지구의 종말은 모항성인 태양의 일생과 긴밀히 엮여 있다. 46억 년 전에 제3세대 항성으로 태어난 태양은 중심핵에서 수소를 태워 헬륨으로 바꾸는 핵융합 작용을 하는 주계열성 단계의 별이다.

태양 중심부는 초당 물질 4백만 톤을 에너지로 바꾸고 있으며, 중성미자와 태양 복사 에너지를 생산한다. 이 속도라면 태양은 일생 동안 지구질량 100배에 해당하는 물질을 에너지로 바꾸며 주계열 단계에서 약 109억 년을 머무를 것이다.

지금으로부터 다음 10억 년에 지구에 닿는 태양복사의 총량은 8% 늘게 된다. 대단찮은 양으로 생각될지 모르지만, 기후 모델의 연구에 따르면, 태

---

* 뉴트리노(neutrino)라고도 하며, 우리 우주를 구성하는 가장 기본적인 입자 중 하나다. 전하를 가지고 있지 않으며, 아주 가볍고 다른 물질과 거의 상호작용을 하지 않아 그대로 통과한다. 우리 몸에도 1초에 수십억 개의 중성미자가 통과하고 있는 중이다.

양복사가 0.1% 늘어나면 지구의 평균기온은 0.2C 상승한다. 즉 태양복사가 지구에서 8% 증가하면, 3억 년 뒤 지구는 평균기온이 5도 상승하고, 겨울의 평균기온은 25C가 되며, 눈이나 얼음은 거의 보이지 않게 될 것이다.

박테리아보다 복잡한 생명체가 존재해왔던 것은 불과 6억 년 정도이므로, 지금 우리들은 '황금시대'의 딱 중간쯤에 있다고 할 수 있다. 앞으로 수억 년 후 지구에서 어떤 생물도 살 수 없게 될 것을 생각하면, 이는 공포스러울 정도의 짧은 시간이다.

약 50억 년 후 태양이 수소를 거의 다 태우고 늙으면 무슨 일이 벌어질까? 우선 태양은 질량이 작아 초신성 폭발을 일으키지 못하는 대신, 적색거성으로 부풀어오르게 된다. 노쇠의 징조로 벌겋게 달아오른 태양의 외피는 계속 부풀어올라 지구 궤도까지 접근해올 것으로 예상되지만, 그때 지구가 어떻게 될지는 확실치 않다. 적색거성 단계인 태양은 질량을 많이 잃은 상태이기 때문에 지구를 포함한 행성들은 현재 위치보다 뒤로 물러나게 되어 지구가 태양에 흡수되는 일은 면할지도 모른다. 그러나 새로운 이론은 태양의 기조력으로 지구가 태양에게 흡수될 것으로 예상하기도 한다.

만약 지구가 살아남는다고 하더라도, 바다는 끓어서 기체가 되고 대기와 함께 우주공간으로 달아날 것이다. 주계열성 단계에서도 태양은 서서히 밝아지면서 표면 온도가 올라가고 있다. 점진적으로 태양 광도가 커져 약 7억 년 내로 지구상은 인간이 살 수 없는 환경으로 바뀔 것이다. 이때가 되면 생명체는 지구상에 존재할 수 없게 된다. 동식물이 멸종하며 지구 내부에서 나오는 온실기체를 정화시킬 수 있는 수단이 없어진다. 따라서 온도는 급속히 오르게 되며 동식물이 멸종된 지 1억 년도 채 안돼서 지구표면은 끓는점에 도달하게 된다.

바닷물이 끓게 되면 대기 중 수분이 10~20% 차지하게 되며, 물이 산소와 수소로 분리된 후 수소는 우주공간으로 날아가게 된다. 따라서 8억 년 내로 지구의 바닷물은 모두 증발하여 사라질 것이다. 8억 년 후 지구는 물도 없는 황량한 사막과 같이 될 것이며, 황산과 온실기체로 이루어진 구름이 지표를 덮어 금성 표면처럼 뜨거워질 것이다. 그리고 태양이 더 뜨거워지면 결국에

▶ 현재의 태양과 적색거성이 된 태양의 크기 비교. 무려 지름이 200배나 불어난다. 태양이 종말을 맞기 훨씬 전에 지구는 끝날 것이다. (wiki)

는 지구의 남은 대기마저도 날아가고 지구에 있는 것은 모두 숯덩이처럼 검게 타버릴 것이다.

64억 년 후 태양은 중심핵에서 수소 핵융합을 마치고 준거성 단계로 진입한다. 71억 년이 지나면 태양은 적색거성으로 진화한다. 중심핵에 있는 수소가 소진되면서 핵은 수축하고 가열된다. 이와 함께 태양 외곽 대기는 팽창한다.

중심핵이 1억K에 이르면 헬륨 융합이 시작되고 탄소와 산소가 생성될 것이며, 78억 년 뒤에는 태양은 극심한 맥동현상을 일으키며 외층을 우주공간으로 대방출하면서 행성상 성운이 된다. 물론 행성하고는 아무 상관이 없다. 옛날 시원찮은 망원경으로 관측한 결과 행성처럼 보여서 붙여진 이름일 뿐이다. 태양 외층의 잔해들이 이루는 거대한 먼지 고리는 멀리 명왕성 궤도에까지 이를 것이다. 그 먼지 속에는 인류가 일구었던 지구 문명의 잔해들도 틀림없이 섞여 있을 것이다.

달은 실제로 얼마나 큰가요?

A 태양계 내 위성 중 5번째로 큰 달의 지름은 약 3,500km, 둘레는 약 11,000km로, 지구의 1/4쯤 된다. 시속 100km의 차로 밤낮 없이 달려도 110시간, 4.6일이 걸리니까, 사람의 기준에서 볼 때 결코 작은 물건은 아니다. 그런데도 하늘에서 볼 때는 동전만 하게 보이니까 실제 크기를 실감하기 어려운 것이다.

물론 그렇게 보이는 것은 달까지의 거리가 멀기 때문이다. 지구 중심으로부터 달 중심까지의 거리는 평균 384,400km로, 지구 지름의 30배다. 곧, 지구를 30개쯤 징검다리처럼 늘어놓는다면 달에 얼추 닿는다는 뜻이다. 이 거리는 지구-태양 간 거리의 약 1/400이다. 개기일식 때 태양과 달이 딱 포개진다는 것은 태양이 달에 비해 크기가 400배라는 뜻이다. 이런 우연의 일치 덕분으로 우리는 개기일식의 장엄함을 즐길 수 있게 된 셈이다.

▶ 지구와 달 사이의 거리는 약 38만km로, 지구를 30개쯤 늘어놓으면 닿는 거리다. 또 지구 외의 7개 행성들을 나란히 세우면 그 사이에 맞춤하게 들어갈 수 있다.

달의 부피는 지구의 약 1/50 정도이며, 표면에서의 중력은 지구의 약 17%이다. 지구에서 몸무게가 70kg인 사람이 달에 가면 12kg밖에 안 나간다. 달에 착륙한 우주인들이 무거운 우주복 차림으로도 가볍게 폴짝거리는 것은 이 때

▶ 일식. (NASA)

문이다.

달 표면을 이루고 있는 것은 거의 두 종류의 암석으로, 용암이 굳어진 현무암, 흙과 암석 조각들이 녹아붙은 덩어리인 각력암이다. 이들 암석에서 발견되는 원소는 알루미늄, 칼슘, 망간, 티타늄 등이다.

달은 지구의 유일한 자연위성으로 가장 가까운 천체인 만큼, 현재까지 인류가 직접 탐험한 유일한 외계이다. 1964년 인류가 만든 최초의 무인 우주선이 달로 보내어진 것을 시작으로 1969년에는 유인 우주선 아폴로 11호가 달에 착륙했고, 승무원 닐 암스트롱이 달에 첫 발을 딛고 지구로 귀환했다.

1972년까지 6차례 직접 달을 탐사한 이후 달 탐사는 중단되었으나,

아폴로 11호는 달에 안 갔다?
– '우주 음모론'의 결정판

1969년에서 1972년까지 달에 발을 디딘 인류는 모두 12명이다. 1969년 7월 20일, 최초로 달에 내린 사람은 미국의 아폴로 11호의 두 승무원 닐 암스트롱과 버즈 올드린이었다. 인류 역사상 최초로 외계 천체에 발을 내려놓는 이 광경을 TV로 지켜본 사람의 수는 적어도 6천만 명에 이른다. 유명한 사건일수록 '음모론' 꼬리표가 길게 따라붙게 마련이지만, 이 아폴로 11호의 달 착륙도 예외는 아니었다. 얼마 가지 않아 날조설과 가짜 뉴스라는 소문들이 떠돌기 시작하더니, 거대한 '음모론'으로 확대되기 시작했다.

이 인화성 음모론에 기름을 끼얹은 것은 1974년에 출판된 〈우리는 결코 달에

▶ 아폴로 11호 승무원이 달 표면에 꽂은 성조기. 위쪽에 수평 막대가 보인다. 하늘에는 별이 없고, 월면에는 승무원의 발자국이 어지러이 보인다. (NASA)

가지 않았다(We Never Went to the Moon)〉라는 책이었다. 윌리엄 케이싱이라는 미국 작가가 자비로 출판하는 계열의 출판사에서 낸 이 책은 3만 부가 팔렸다고 한다. 이 작가는 아폴로 우주선 개발에 참여한 로켓다인의 전 직원이지만, 기술직이 아니라 사무직이었다고 한다.

우주 개발 관련 전문가가 아폴로 날조설을 비판한 적은 있으나, 날조설을 지지한다고 표명한 경우는 아직까지 존재하지 않는다. 하지만 날조설은 여전히 사라지지 않고 있으며, 한국에서도 위세를 떨치고 있다. 특히 어린 청소년들 사이에 더욱 기승을 떨친다는 반갑잖은 소식도 들린다.

음모론에서 제기하는 날조의 근거는 사실 대단히 단순한 것들이다. 과학에 관해 약간의 지식만 있다면 한칼에 날려버릴 수 있는 것들로, 대략 다음과 같다.

  1. 달에는 공기가 없는데 사진에 찍힌 성조기가 펄럭이는 것은 가짜라는 증거 아닌가?
  2. 달 표면에서 촬영된 사진인데, 하늘에 별이 찍혀 있지 않은 이유는 무엇인가?
  3. 달 표면에 착륙선이 내려갈 때 분사의 반동으로 크게 팬 자국이 생길 텐데, 그것이 찍히지 않은 이유는?

이에 대한 정답은 각각 다음과 같다.

  1. 달에는 공기가 없기 때문에 깃발이 축 처지는 것을 막기 위해 위쪽에 막대기를 달았다. 성조기 봉을 바닥에 꽂을 때의 충격이 만든 반동으로 깃발이 움직이는 것이다. 진공 상태에서는 공기 저항이 없기 때문에, 한 번 움직이기 시작하면 좀처럼 멈추지 않는다.
  2. 별이 찍히지 않은 것은 사진을 찍은 태양빛을 받아 빛나는 달의 표면에 노출을 맞추었기 때문이다. 빛공해가 심한 곳에서 밤하늘을 찍어보면 별이 하나도 보이지 않는 거나 같은 이치이다. 천체사진을 찍을 때도 별에 노출을 맞춘다.
  3. 착륙선이 내린 곳의 표면 토양은 단단하고, 착륙선은 스로틀을 사용하여 천천히 착지하기 때문에 커다란 구덩이가 생길 정도의 충격을 가하지 않는다.

그럼에도 불구하고 아직도 음모론이 완전히 사라지지 않고 있는 것은 순전히 음모론에 휘둘리는 사람들의 무지의 소치라고 볼 수밖에 없다. 지식과 식견이 얕으면 늘 이런 음모론에 휘둘릴 수밖에 없다.

2000년대에 들어 달 탐사가 재개되었고, 2020년까지 우주인을 보내는 탐사가 계획되어 있다. 2008년 10월 인도에서 발사한 달 탐사선 찬드라얀 1호가 2009년 9월 26일 달에서 물을 발견했다.

46 달은 어떻게 생겨났나요?

A 달의 기원에 대해서는 예로부터 수많은 가설이 분분하지만, 딱 떨어지는 정론은 아직 없다. 태양계가 만들어질 때 원시지구를 돌고 있던 많은 미행성들이 뭉쳐져 생겨났다는 동시탄생설, 지구의 태평양 부분이 떨어져나가 달이 되었다는 분리설, 지구 옆통이로 지나가다 붙들렸다는 포획설, 화성 같은 큰 천체가 살짝 부딪치는 바람에 떨어져나간 가루들이 뭉쳐서 되었다는 충돌설 등등이 있지만, 어느 것이든 현상을 만족할 만큼 설명해주지 못한다는 약점을 갖고 있다.

다만, 충돌설을 보강한 거대 충돌설이 차츰 대세를 잡아가고 있는데, 지구 형성 초기에 화성만 한 크기의 천체 테이아가 충돌해 합쳐지면서 그 충격으로 합체한 지구의 일부가 우주공간으로 떨어져 날아가 지구 주위를 회전하면서 기체와 먼지 구름을 형성하게 되었고, 이것이 모여 달을 생성했다는 설이다. 이는 컴퓨터 시뮬레이션으로 그 가능성이 입증되었다. 또한 달 암석의 화학 조성이 지구와 매우 비슷하다는 점도 이 학설을 강력히 지지해주고 있어 현재로는 가장 유력한 학설이다. 하지만 누가 그 진상을 알랴, 45억 년 전의 일을!

어쨌든 테이아가 지구와 충돌한 각도가 이상적인 45도가 되어 지구와 달이 공존하는 결과를 만들었으며, 지구에 절대적인 영향을 주게 되었다

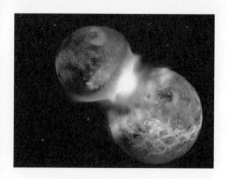

▶ 거대 충돌설. 지구 형성 초기에 화성만 한 크기의 천체가 충돌하는 바람에 그 부스러기들로 달이 생성되었다는 설이다. (NASA)

고 한다. 만약 달이 지구의 자전축을 23.5도로 잡아주고 있지 않다면, 지구에 생명체가 존재하기 어려웠을 것이다. 또한 지구의 생명체는 달로 인해 더욱 활발한 생명활동을 보이고 있다.

달이 지구 주위를 한 번 공전하는 데 걸리는 시간은 27.3일(궤도 주기)인데, 이는 달의 한 번의 자전시간과 같다. 따라서 지구에서는 항상 '계수나무 옥토끼'가 보이는 달의 한쪽 면만을 볼 수 있을 뿐이다. 말하자면 지구와 달이 서로 두 팔을 부여잡고 빙빙 윤무를 추고 있는 셈이다.

이것은 사실 우연은 아니다. 지구와 달은 서로 조석력을 주고받는다. 하지만 지구가 달보다 80배나 더 무겁기 때문에 달은 지구의 조석보다 더 큰 영향을 받아 달의 양쪽이 당겨져 펴진다. 바로 달의 만조 부분이다. 이것이 달의 자전속도를 늦추고, 달이 지구로부터 점점 더 멀어져가게 해 이윽고 공전주기와 자전주기가 똑같아지기에 이르렀다. 그리하여 만조 부분이 지구와 일직선상에 놓여지고, 하루가 한 달과 같아지자 달의 자전속도도 더 이상 느려지지 않게 되었다. 이 현상을 조석고정(tidal locking)이라 하는데, 비슷한 덩치의 행성과 위성은 대개 이런 상태에 놓이게 된다. 명왕성과 제1위성 카론도 조석고정되어 있다.

역으로 생각해보면, 달이 생성되었을 때는 지금보다 지구에 훨씬 더 가까웠고, 자전속도도 더 빨랐다는 것을 알 수 있다. 인류가 달의 뒷면을 최초로 볼 수 있었던 것은 1959년 소련의 루나 3호가 달의 뒷면을 돌면서 찍

은 사진을 전송했을 때
였다. 그후 루나 3호는
달에 추락하여 고철 덩
어리가 됐지만.

달의 공전주기는 27.3
일이지만, 지구－달－태
양의 위치 변화는 29.5

▶ 달의 위상변화. 달과 지구, 태양의 위치 관계에 따라 달 표면에 햇빛을 받는 장소가 지구에서 볼 때 달라진다. (NASA)

일(삭망 주기)을 주기로 달라지는 달의 상을 만든다. 이것을 달의 위상변화라 한다. 달의 위상은 달이 초승달, 상현, 보름달, 하현, 그믐으로 변화한다. 달이 차고 이지러지는 원리는 달이 스스로는 빛을 내지 않는 천체이기 때문에 달과 지구, 태양의 위치 관계에 따라 달 표면에 햇빛을 받는 장소가 지구에서 볼 때 달라지기 때문이다. 태양에 비친 반구는 밝지만 반대쪽 반구는 암흑 상태가 되며, 그와 같은 달을 태양과 같은 쪽에서 바라보면 보름달, 반대쪽에서 보면 그믐달이 된다.

참고로, 하나 기억해둬야 할 사항은 초승달 같은 때 희미하게 보이는 달의 어두운 부분이다. 이는 지구의 빛을 받아서 빛나는 것으로 지구조地球照라 한다. 지구조를 가장 먼저 발견한 사람은 15세기 이탈리아의 화가이자 과학자인 레오나르도 다빈치다. 역시 화가의 눈은 날카롭다.

47   왜 달에 의한 조석은 한 곳이 아니라 두 곳에서 일어나나요?

A 달의 인력이 지구의 바닷물을 끌어당기는 쪽으로 밀물이 일어나는 한편, 달 반대편 쪽은 달의 인력이 작게 작용하기 때문에 지구의 자

전과 공전으로 뛰쳐나가려는 원심력이 생겨서 밀물이 나타난다. 따라서 밀물과 썰물은 늘 두 군데서 나타나게 되는 것이다. 이러한 상황에서 북극을 중심으로 지구가 하루에 한 번 자전하기 때문에 지구 위의 사람은 밀물과 썰물을 하루에 두 번씩 경험하게 된다.

밀물(만조)과 썰물(간조)로 해수면의 높낮이가 변하는 현상을 조석潮汐이라고 하는데, 이런 현상이 발생하는 원인은 갈릴레오 시대에 이르기까지 밝혀지지 않다가 17세기 뉴턴에 와서야 비로소 완전한 과학적인 설명이 이루어졌다. 썰물과 밀물이 일어나는 것은 바로 지구를 끊임없이 당기는 달과 태양의 만유인력 때문이다. 중력은 거리 제곱에 반비례하지만, 조석력은 거리 3제곱에 반비례한다. 이는 거리의 제곱에 반비례한다는 뉴턴의 만유인력 법칙을 부정하는 것이 아니며, 인력에 기초한 조석력이 직접 비례하지 않는다는 것을 의미한다. 따라서 태양보다 질량이 작음에도 불구하고 지구와 매우 가깝기 때문에 달의 조석력이 태양보다는 2배 정도 크다.

조석 현상이 일어나는 까닭을 살펴보면, 지구상의 각 점과 달 사이에 작용하는 인력은 달과의 거리에 따라 달라지는데, 달과 가까운 쪽은 더 세게, 달 반대편 쪽은 더 작은 힘으로 잡아당긴다. 단단한 암석으로 된 지구 표면은 이 힘의 차이가 문제가 되지 않지만, 바닷물은 달 쪽으로 잡아당겨지면서 달을 향해 있는 해수면 쪽이 올라간다. 즉 달의 조석력 차이로 바닷물이 끌려서 밀물이 나타나고, 지구 반대쪽으로는 달의 기조력이 약한 대신 지구의 원심력이 강해져서 밀물이 지게 된다.

밀물과 썰물 때의 해수면 높이 차를 조차潮差라고 하는데, 지구와 달, 태양이 일직선에 놓일 때 즉, 달의 모양이 보름(망)이거나 그믐일 때에는 달에 의한 조석 효과와 태양에 의한 조석 효과가 합쳐져 조차가 가장 큰 사리가 된다. 반면에 달과 지구, 태양이 직각으로 놓일 때 즉, 달의 모양이 상현이나 하현일 때에는 달에 의한 조석 효과와 태양에 의한 조석 효과가 분산되어 조차가 가장 작은 조금이 된다. 사리와 조금은 한 달에 두 번씩 나타난다.

그런데 밀물과 썰물이 일어나는 주기가 딱 12시간이 아니라 25분 더 길다. 달 쪽을 향한 곳에서 달 반대편까지 지표면이 자전하는 데 걸리는 시간은 자전 주기의 반인 12시간인데도 25분이 더 늦어지는 것은 달이 지구 주위를 공전하기 때

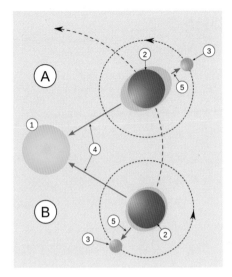

▶ 사리와 조금이 일어나는 이유. A. 사리 B. 조금 ①태양 ②지구 ③달 ④태양에 의한 인력 ⑤달에 의한 인력. (wiki)

문에 나타나는 현상이다. 따라서 달이 남중하기 위해서는 12도만큼 더 지구가 자전해야 하며, 이를 시간으로 환산하면 약 50분이 된다. 그러므로 달은 하루에 50분씩 늦게 뜨고, 밀물과 썰물은 하루에 두 번씩 일어나기 때문에 그 주기가 12시간 25분이 되는 것이다.

이 같은 기조력에 의해 지구는 바닷물의 안쪽에서 하루에 1회 자전하므로 늘 바닷물에 의해 일종의 브레이크가 걸리는 셈이 되며, 자전 속도가 차츰 늦추어지게 된다. 그 비율은 100년에 1천분의 1초씩 늦어지는 정도이므로 그다지 크지는 않지만, 이것도 오래 쌓이다 보면 지구-달의 관계에 변화를 가져오게 된다.

A 달의 표면에 어둑하게 보이는 무늬는 바다(mare)라고 한다. 물론 물이 있는 바다는 아니다. 달에 바다라는 지명을 붙인 인물은 요하네스 케플러로, 17세기 저배율 망원경으로 달을 관찰한 케플러는 달의 매끈하고 어두운 부분을 물이 찬 바다라고 생각했다. 갈릴레오가 이에 동의해 '마레'라고 한 후 이 명칭으로 고정되었다. 이 지역이 검은색과 회색을 띠는 것은 현무암과 용암으로 이루어진 지대이기 때문이다.

달의 바다는 달의 앞면에서는 31.2%의 면적을 차지하지만 뒷면은 겨우 2.6%다. 우리는 지구에서 늘 달의 앞면만 보고 있기 때문에 상상력을 발휘하여 떡방아 찧는 옥토끼를 그리게 된 것이다. 지역에 따라서는 토끼 귀처럼 보이는 부분을 당나귀 귀나 게의 집게발로 보는 곳도 있고, 중국에서는 토끼가 아니라 두꺼비로 보기도 했다.

비의 바다, 위난의 바다, 고요의 바다 등 이름이 붙어 있는 30개의 바다 중에서 4개만이 달의 뒷면에 자리하고 있고 거의 앞면에 분포해 있다. 몇몇은 거의 원형을 이루고 있으며, 지름은 약 300~1000km 정도다.

1969년 7월 아폴로 11호의 달착륙선 이글호가 내린 곳이 고요의 바다였다. 달 표면에 최초로 역사적인 발자국을 남기게 된 닐 암스트롱은 "이것은 한 사람에게는 작은 한 걸음에 지나지 않지만, 인류에게 있어서는 위대한 도약이다(That's one small step for a man, one giant leap for mankind.)"라는 말을 남겨 우주 개발사에 있어서 가장 유명한 대사가 됐다. 하지만 감성이 풍부한 사람들은 이로 인해 달의 신비가 사라지고, '달아 달아 밝은 달아 암스트롱 놀던 달아'라고 노래 부르게 됐다고 푸념하기도 한다.

달에 이 같은 바다가 생긴 것은 35억 년 전쯤으로, 소행성들의 포격이

▶ 보름달과 비행기. 절구 찧는 토끼 꼴을 한 검은 부분이 달의 바다이고, 아래 보이는 수박 꼭지 자국 같은 것이 튀코 크레이터다. 과천에서 촬영. (사진/김경환)

거의 끝나갈 무렵 달의 내부에서 방사성 원소가 붕괴하면서 나온 열이 축적되어 내부 지각을 용해해 마그마를 만들었다. 이것이 크레이터로 분출되어 평원을 만들었고, 우리가 달의 바다라고 부르는 지형을 형성했던 것이다. 용암은 많은 철과 마그네슘과 함께 반사율이 낮은 현무암을 포함하고 있어 어두워 보인다.

달 표면에서 바다를 제외한 밝은 색조를 띠는 곳을 고지라고 부른다. 이 지역을 이루고 있는 것은 주로 사장암이라 불리는 흰 암석이기 때문에 희부옇게 보이는 것이다. 크레이터들이 빽빽하게 모여 있는 대륙으로, 이 지역에 크레이터들이 많은 것은 약 40~30억 년 전 태양계에는 행성 형성 과정에서 생긴 미행성들이 달 표면에 무수히 충돌해 크레이터를 만들었기 때문이다. 이 크레이터들을 분지 혹은 산이라고 부른다.

달의 뒷면에는 바다가 거의 없는 대신, 달의 고지인 희뿌연 지형으로 이루어져 있어 앞면과는 딴판이다. 달의 뒷면에 바다가 드문 것은 초기 뜨거운 시절이었던 달의 환경에 밀접한 원인이 있다. 지구를 향하는 달의 앞면이 지구로부터 열을 받아 천천히 식어 얇은 지각을 이룬 반면, 달의 뒷면은 낮은 온도로 광물질들이 빨리 냉각되어 두터운 지각을 이루게 되었다. 따라서 표면으로 분출되는 용암이 주로 얇은 지각을 가진 앞면으로 향함으로써 달의 앞면에 바다가 많아지게 된 것이다. 또한 달의 무게 중심도 약간 앞쪽으로 쏠려 있다.

달이 왜 자꾸 나를 따라올까?

어린 시절, 달을 보면서 걷다 보면 자꾸 달이 나를 따라오는 것처럼 보여서 이상하게 생각되던 기억들이 누구나 있을 것이다. 달은 분명 그 자리에 있을 텐데 왜 나를 따라오는 것 같은 착각이 드는 걸까? 어린 동생이나 자녀들도 이런 질문을 할 때가 있다. 그때 잘 대답하도록, 무엇이 그런 착각을 일으키게 하는지 설명해보기로 하자.

달은 지구로부터 38만km나 떨어져 있다. 지구를 무려 30개나 늘어놓아야 닿는 먼 거리다. 그러니 내가 아무리 빨리 움직이더라도 지상의 물건들과 달이 이루는 각이 변하지 않는다. 이게 바로 달이 나를 따라오는 것처럼 보이는 착각을 만드는 원인이다. 차를 타고 달릴 때 가까운 물체들은 빠르게 뒤로 가는 것처럼 느껴지지만, 눈길을 멀리 두면 먼 물체들은 천천히 움직이는 듯이 보이는 것과 같은 이치다.

달이 1초에 움직이는 거리는 약 1km다. 우리가 달을 5초 동안 지켜보고 있으면 달은 5km를 움직이는 거다. 그런데 왜 달은 그 자리에 가만히 있는 것처럼 보일까?

역시 달까지의 거리 38만km에 답이 있다. 38만km 밖에서 5km 움직인 거니까, 38만 분의 5의 비율이고, 이것은 거의 0에 가까운 값이다. 그러니까 우리가 한참을 쳐다봐도 달은 그 자리에 가만히 있는 것처럼 보이는 거다.

얘기 나온 김에 하나 더. 지평선이나 수평선 위에 떠오르는 달이나 해는 유달리 크게 보인다. 정말 해나 달이 더 커서 그럴까? 이것 역시 착시 현상이다.

수평으로 보이는 달의 경우, 우리는 무의식적으로 근처의 나무나 다른 지상 물체와 비교해 보게 되는데, 그 때문에, 상대적으로 커 보이는 것이다. 반면에, 머리 위의 달은 크기를 비교할 대상이 없는데다, 배경이 되는 넓은 하늘 때문에 상대적으로 작아 보이는 것이다.

49 일식과 월식은 왜 일어나나요?

A 세 천체가 일직선상에 나란히 있을 때 한쪽을 가리는 식触현상이 일어난다. '触'은 갉아먹는다는 뜻이다. 예컨대 태양-달-지구가 일직선상에 있을 때 달이 해를 가려 개기일식(해가림)이 된다.

지구가 태양 주위를 도는 궤도면인 황도와 달이 지구 주위를 도는 궤도면 백도가 거의 일치하여 달이 지구 주위를 돌면서 태양의 앞쪽으로 지나 태양을 가리는 경우가 생기는데, 이때를 일식이라고 한다. 희한하게도 해는 달보다 400배쯤 크고, 거리도 400배쯤 멀어 딱 포개져 해가 전혀 보이지 않을 때가 있는데, 이를 개기일식이라 하고, 타원궤도를 도는 달이 지구에서 가장 멀어져 해의 가장자리가 반지처럼 보일 때를 금환일식, 해의 한쪽만을 가릴 때를 부분일식이라 한다('개기'의 한자 개〔皆〕는 '다', 기〔既〕는 '다 없어지다'라는 뜻이다. 개기라는 낱말 자체가 거의 안 쓰이는 어려운 말이다. 차라리 완전일식이 나을 것 같다. 북한에서는 '해다가림'이라 한다).

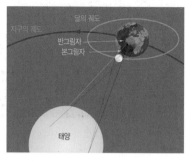

▶ 일식 개념도. 달의 본그림자 안에 있는 지상의 사람은 개기일식이나 금환일식을 볼 수 있다. 반그림자 안의 사람은 부분일식을 본다. (wiki)

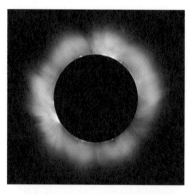

▶ 1999년 8월 프랑스에서 찍은 일식 모습. 희게 빛나는 부분이 코로나로, 개기일식 때 잠깐 동안 맨눈으로 코로나를 볼 수 있다. 붉게 보이는 것은 태양의 홍염이다.

지구상의 어느 위치에 보느냐에 따라 일식의 종류, 정도가 달라진다는 건 당연한 이치다. 왜냐하면, 일식이란 본질적으로 달의 그림자 때문에 발생하는 현상이기 때문이다. 본그림자〔本影〕, 즉 광원에서 나오는 모든 빛이 차단된 그림자 부분에서는 개기일식이 나타나고, 반그림자〔反影〕, 즉 본그림자 주위에 나타나는 바깥부분에서

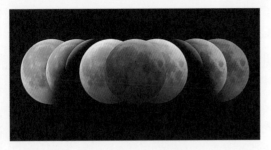
▶ 개기월식 때 잡은 블러드문. (사진/임재식)

는 부분일식이 나타나게 된다. 그런데 본그림자와 지구가 겹치는 지역은 매우 좁다. 그런 까닭에 개기일식을 관측할 수 있는 지역은 대단히 좁다. 뿐더러 일식 현상을 만드는 태양과 달, 지구가 모두 빠른 속도로 움직이기 때문에 일식이 지속되는 시간 또한 매우 짧다. 지구에서 관측할 수 있는 대부분의 일식은 8분 이내에 끝나는 것이 일반적이다.

일식은 태양과 달이 합을 이루는 초하룻날에 볼 수 있지만, 매달 일어나지는 않는다. 지구가 태양을 도는 천구상의 궤도인 황도와 달이 지구를 도는 백도가 5도 이상 기울어져 있기 때문이다.

일식은 자연적인 현상이지만 일부 고대나 근대 문화에서는 초자연적 원인에 의해 일어나거나 불길한 징조로 여겨지기도 했다. 천문학적인 이해가 없는 사람들에는 대낮에 해가 사라지는 것처럼 보였기에 두려워할 수 있었다. 고대 그리스의 철학자인 탈레스 역시 일식이 언제 생길지를 예언한 바 있고, 일식을 예언해서 전쟁을 멈추게 한 사례도 있었다고 한다.

일식 관측 때 특히 주의해야 할 점은 절대 맨눈으로 태양을 직접 바라보지 말아야 한다는 것이다. 선글라스도 안된다. 눈에 영구적인 손상을 줄 수 있다. 꼭 일식 안경이나 진한 색 필름, 셀로판지를 통해 보도록 하자. 예상된 일식을 관측하기 위해 어디든 가는 사람들을 일식 추적자(eclipse chasers)라고 한다. 일식을 보면서 눈물 흘리는 감성 종결자들이 의외로 많다.

개기일식은 전 지구적으로는 약 18개월에 한 번씩 일어나지만, 특정한 장소에서 개기일식이 일어날 확률은 평균 370년에 한 번 꼴이다. 지상 전체로 볼 때, 한 해를 기준으로, 일식은 적어도 2회, 많으면 5회까지 일어날 수 있다.

한국에서는 1887년 8월 19일에 마지막 개기일식, 1948년 5월 9일에 마지막 금환일식이 관측됐다. 즉, 개기일식은 130년간, 금환일식은 70년간 없었다는 뜻이다. 그러나 가까운 미래엔 개기일식이 꽤 있다. 21세기 한국에서 관측 가능한 개기일식은 2035년 9월 2일(일), 2063년 8월 24일(금), 금환일식은 2041년 10월 25일(금), 2095년 11월 27일(일)에 있다.

월식(달가림)은 태양 - 지구 - 달이 일직선상에 놓일 때 일어난다. 곧, 달이 지구의 그림자 안에 들어오는 현상으로 보름달 때만 일어난다. 달이 지구의 본그림자 속에 들어갈 때 관측되는 개기월식과 달이 지구의 본그림자와 반그림자 사이에 위치할 때 관측되는 부분월식으로 나뉜다. 이때, 지구의 그림자에 들어간 달 표면에서는 개기일식이 일어난다. 고대 그리스 시대에 아리스토텔레스는 월식이 일어날 때의 그림자가 지구의 그림자이며, 이것은 지구가 둥글다는 증거로 내세웠다.

월식 역시 달의 공전궤도(백도)와 지구의 공전궤도(황도)에 비해 5도 정도 기울어져 있기 때문에 보름달마다 항상 월식이 발생하는 것은 아니다. 길어야 8분인 개기일식과는 달리 개기월식은 약 100분 동안 지속된다.

개기월식이 일어날 때 달이 붉게 보이는 것은 지구 대기에 의한 산란 때문이다. 태양에서 나온 빛 중 파장이 짧은 푸른빛은 잘 산란되는 반면, 파장이 긴 붉은빛은 달에 도달하므로 월식의 달이 불콰하게 보이는 것이다. 이런 달을 블러드문(Blood Moon)이라고 한다.

달이 지구랑 이별할 거라고요?

달이 매순간 지구로부터 조금씩 멀어지고 있다는 건 사실이다. 얼마나? 1년에 3.8cm씩. 벼룩꽁지만한 길이를 어떻게 쟀냐고? 달 탐사선이 달에다 설치해놓은 레이저 반사거울이 그 답이다. 모두 5개의 반사거울을 달 표면에다 세워뒀는데, 여기로 지구에서 쏘는 레이저빔이 갔다가 되돌아오는 시간이 약 2.5초다. 밀리미터 단위까지 잴 수 있다.

▶ 우주에서 본 지구와 반달. 달은 단조로운 반면, 지구는 구름과 바다, 극지방의 얼음 등으로 다채롭게 보인다. 1998년 소행성 탐사선 니어가 에로스로 가던 길에 40만 km 밖에서 찍은 사진이다. (NASA)

이처럼 달이 멀어져가는 이유는 달이 만드는 지구의 밀물, 썰물 때문이다. 풀이하자면, 만조가 될 때 이 만조의 꼭짓점은 지구 자전의 영향으로 지구와 달의 중력 일직선상에서 약간 앞쪽에 형성되는데, 이 부분의 중력이 달의 공전에 힘을 실어주게 된다. 원운동하는 물체를 앞으로 밀면 그 물체는 더 높은 궤도, 더 큰 원을 그리게 된다. 달이 지구로부터 조금씩 멀어지는 것은 바로 달이 만들고 있는 만조 때문인 것이다.

이 3.8cm의 뜻은 심오하다. 티끌 모아 태산이라고, 이것이 차곡차곡 쌓이다 보면 10억 년 후에는 3만 8천km가 되고(이 정도로도 달이 떨어져나갈지 모른다), 100억 년 후에는 지금 달까지 거리인 38만km가 된다. 달이 지구에서 2배나 멀어지게 되는 셈이다. 그러면 어떻게 되는가?

확실한 것은 언제가 되든 달이 결국은 지구와 이별할 거란 점이다. 그후 태양 쪽으로 날아가 태양에 부딪쳐 장렬한 최후를 맞을 것인지, 아니면 외부행성 쪽으로 날아가 광대한 우주 바깥을 헤맬 것인지, 그 행로야 알 수 없지만, 문제는 45억 년이란 장구한 세월 동안 지구와 같이 껴안고 돌던 달도 언제까지나 그렇게 있을 존재는 아니라는 얘기다. 제행무상(諸行無常)은 우주의 속성이다.

오늘밤이라도 바깥에 나가 하늘의 달을 봐보라. 우리 지구의 동생인 저 달도 언젠가는 형과 작별을 고할 것이다. 회자정리(會者定離)다. 그런 생각으로 달을 바라보면 더 유정하고 더 아름답게 느껴질 것이다. 달이 떠난 후에도 지구에 생명이 살 수 있을까? 고작 몇십 년 사는 수유(須臾) 인생이 몇십억, 몇백억 년 후의 일을 걱정한다는 것이 퍽이나 오지랖 넓은 노릇이겠지만.

지구의 친구들을 소개합니다

암석형 행성
– 수성 · 금성 · 화성

철학이 '나는 누구인가?'라고 묻는다면,
천문학은 '나는 어디에 있는가?'라고 묻는다.

| 율리히 뷜크 • 독일의 천문학자 |

행성은 별이 아니다

지구와 금성을 흔히 초록별이니 샛별이니 하는데, 과연 행성도 별일까?

관례적으로 그렇게 말하긴 하지만, 엄격히 말하자면 행성은 별이 아니다. 보통 태양처럼 천체 내부의 에너지 복사로 스스로 빛을 내는 천체, 곧 항성을 별이라고 한다. 따라서 항성의 빛을 반사시켜 빛을 내는 행성이나 위성, 혜성 등은 별이라고 할 수 없다. 태양계에서 빛을 내는 천체는 태양이 유일하다.

예로부터 인류와 가장 가까운 천체는 해와 달을 비롯, 수성, 금성, 화성, 목성, 토성이었다. 옛사람들은 밤하늘이 통째로 바뀌더라도 별들 사이의 상대적인 거리는 변하지 않는다는 사실을 알았다. 그래서 별은 영원을 상징하는 존재로 인류에게 각인되었다. 하지만 위의 다섯 행성은 일정한 자리를 지키지 못하고 별들 사이를 유랑하는 것을 보고 '떠돌이'란 뜻의 그리스어인 플라네타이planetai, 곧 떠돌이별이라고 불렀다. 행성을 뜻하는 영어 플래닛planet은 여기서 온 것이다.

46억 년 전에 지구와 같이 태어난 이후 태양 둘레를 쉼없이 도는 이들 지구의 도반道伴 같은 행성들을 보면 마치 운수납자雲水衲子와 같다는 느낌이 들기도 한다. 구름 가듯 물 흐르듯 떠돌아다니면서 수행하는 스님을 일컫는 아름다운 말이다.

지구와 같은 궤도 평면을 떠나지 않고 46억 년을 변함없이 지구와 길동무해서 같이 가고 있는 저 화성이나 천왕성 같은 행성이 바로 태양계의 운수납자가 아닐까?

A 서양에서는 "플라톤 시대 이후부터 천동설에 기초해 달을 포함한 이들 행성은 지구에서 가까운 쪽부터 달, 수성, 금성, 태양, 화성, 목성, 토성이 차례로 늘어서 있다고 생각했다."

요일의 이름을 천체에서 따온 것은 베티우스 발렌스가 170년경 쓴 책 〈명문집Anthologiarum〉에서 처음 발견된다. 1세기에서 3세기 사이 로마제국이 8일 주기였던 달력을 7일 주기로 고치면서, 각 날짜마다 천체의 이름을 따서 태양·달·아레스·헤르메스·제우스·아프로디테·크로노스로 이름붙였다.

한편, 서양에서 부르는 태양계 행성 이름들은 거의 로마 신화에서 따온 것이다. 물론 이 밝은 행성들은 눈에 잘 띄었기 때문에 고대로부터 문명권마다 다른 이름들을 가지고 있었지만, 로마 시대에 지어진 이름들이 점차 대세를 차지하여 오늘에 이르고 있다.

예컨대 빠른 속도로 태양 둘레를 도는 수성은 로마 신들 중 메신저 역할을 한 날개 달린 머큐리Mercury에서 따왔고, 새벽이나 초저녁 하늘에서 아름답게 빛나는 금성에는 로마의 신 중 미와 사랑의 여신인 비너스Venus의 이름을 갖다붙였다. 우리나라에서는 금성이 새벽 동녘 하늘에서 반짝이면 샛별, 저녁 서녘에 나타나면 개밥바라기라고 불

▶ 행성들의 기호. 우리가 흔히 쓰는 생물의 암 – 수를 나타내는 기호는 금성과 화성의 기호에서 따온 것이다.

태양　수성　금성　지구　달
화성　목성　토성　천왕성　해왕성
명왕성

▶ 태양계 행성들. 요일 이름은 이들에게서 나왔다. (wiki)

렸다. 개에게 밥 줘야 하는 시간이기 때문이다. 우리 조상님들의 유머 감각이 짱이다.

화성에 마스Mars라는 이름이 붙여진 것은 화성 표면이 산화철로 인해 붉게 보이기 때문에 로마의 전쟁신 마스의 이름을 징발한 것이다.

태양계 행성 중 최대 크기를 자랑하는 목성에 신들의 왕 주피터Jupiter를 가져온 것도 역시 그럴 듯하다. 토성은 주피터의 아버지인 농업의 신 새턴Saturn에서 따왔는데, 토성에 고리가 있다는 것은 오래 전부터 알려진 사실이었다. 지구를 뜻하는 어스Earth만은 예외였는데, 그리스–로마 시대 이전부터 지구가 행성이란 사실을 몰랐기 때문에 붙여진 이름이다. 지구를 뜻하는 또 다른 이름 가이아는 천왕성인 우라누스의 아내인 대지의 여신이다. 이렇게 행성들은 하나의 가족을 이루고 있다.

중국과 극동 지역 역시 밤하늘에서 수많은 별들 사이에서 움직이는 이 다섯 별들이 잘 알려져 있었다. 고대 동양인은 이 별들에게 음양오행설과 풍수설에 따라 '화(불), 수(물), 목(나무), 금(쇠), 토(흙)'라는 특성을 각각 부여했고, 결국 이들은 별을 뜻하는 한자 별 성星자가 뒤에 붙여져 화성, 수성, 목성, 금성, 토성이라는 이름을 얻게 되었다. 여기서도 지구는 역시 행성이 아닌 것으로 취급되어 '흙의 공'이라는 뜻인 '지구地球'란 이름을 얻게 되었다.

여기서 알 수 있듯이 토성까지는 우리 이름이지만 천왕성부터는 영어 이름을 그대로 번역했다. 천왕성부터는 망원경이 발달한 서양에서 먼저 발견해 자기네 식으로 이름을 붙였고, 동양에선 그 이름을 그대로 번역해 사용하고 있기 때문이다.

우리나라의 경우, 천왕성, 해왕성, 명왕성의 이름들은 일본을 거쳐 들어왔다. 서양에 대해 가장 먼저 문호를 개방한 일본은 서양 천문학을 받아들이면서 이 세 행성의 이름을 자국어로 옮길 때, 우라누스가 하늘의 신이므로 천왕天王, 포세이돈이 바다의 신이므로 해왕海王, 플루토가 명계冥界의 신이므로 명왕冥王이라는 한자 이름을 만들어 붙였고, 한국에서는 이를 그대로 받아들여 오늘날까지 사용하게 된 것이다.

따라서 오늘날 우리가 쓰고 있는 요일 이름, 곧 일, 월, 화, 수, 목, 금, 토는 사실 천동설에 그 뿌리를 내리고 있음을 알 수 있다.

51 태양과 수성 사이에 발견되지 않은 행성 벌컨이 있다는데, 사실인가요?

A 벌컨이란 행성은 현재까지는 없는 것으로 밝혀졌다. 태양과 수성 사이에 미지의 행성이 있을 거라고 예측하고 그 행성 이름을 벌컨이라고 붙인 사람은 해왕성을 발견한 19세기 프랑스 천문학자 위르뱅 르베리에(1811~1877)였다. 이유는 수성의 공전 궤도의 이상한 점을 설명하기 위

한 것이었다.

르베리에는 1843년 일어날 수성의 일면통과[*]를 예측했지만, 이는 실제 관측 결과와 어긋나는 것이었다. 르베리에는 더 많은 관측 결과를 모아 1859년에 수성 궤도에 관한 연구를 발표했다. 그중에는 수성 궤도의 근일점 이동에 관한

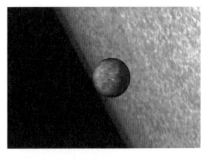

▶ 3D로 잡은 수성의 일면 통과. 지구 궤도를 돌고 있는 일본의 태양 탐사선 히노데에서 찍은 것이다.

것도 있었다. 수성의 근일점은 수성의 길쭉한 타원궤도를 따라 천천히 이동하며, 근일점 자체는 태양의 주변을 돈다. 근일점의 이동 속도는 100년에 대략 5,600각초(60각초는 1각분, 60각분은 1도) 정도 된다. 뉴턴 역학에 따르면 이는 100년에 5,567각초여야 하는데, 43각초 차이가 나는 것이다. 고전 역학으로는 이 43각초의 차이를 설명할 방법이 없었다.

르베리에는 이런 현상이 나타나는 것은 수성 안쪽에 행성이 더 있어 섭동을 일으키기 때문일 거라고 추론하고, 그 행성의 이름을 벌컨Vulcan이라고 지었다. 로마 신화에 나오는 대장장이 신 불카누스에서 따온 것이다. 르베리에는 같은 방법으로 해왕성의 존재를 예측하여 성공한 적이 있었기 때문에, 많은 천문학자들이 벌컨 행성을 찾기 시작했다.

하지만 수성 안쪽에 설정했던 벌컨이라는 새로운 행성은 결코 발견되지 않았고, 실제로 수성 근일점 이동은 뉴턴 역학이 통하지 않는 반증 사례로 밝혀졌다. 중력이 너무 강한 곳에서는 뉴턴 역학이 근사적으로만 통할 뿐

---

[*] 지구에서 보았을 때, 내행성이 태양면을 통과하는 현상. 태양면 통과라고도 한다. 수성은 7, 13, 46년 주기로 일면통과가 일어나고, 금성은 235, 243년마다 6월 7일이나 12월 8일에 일면통과가 일어난다.

이라는 것이다. 그러나 벌컨을 제안했던 19세기 과학자들은 이 사실을 결코 알 수 없었다. 20세기 초 아인슈타인의 일반 상대성 이론이 등장해서, 뉴턴 역학이 설명할 수 없었던 수성의 근일점 이동을 성공적으로 설명하고 나서야 뉴턴 역학의 문제점이 분명해졌던 것이다.

아인슈타인은 자신의 상대성 이론으로 수성 근일점 이동이 완벽하게 해석되는 것을 본 소감을 다음과 같이 밝혔다. "수성이 태양과 가장 가까운 거리에 있을 때에는 공간 자체가 강력한 중력장에 의해 휘게 되며, 수성이 그곳으로 돌입할 때는 뉴턴이 계산했던 것보다 더 빠른 속도로 진행한다. 수성의 근일점 운동 공식이 나의 이론에 정확히 따른다는 것이 증명됐을 때 나는 너무나 기쁜 나머지 밤에 잠을 잘 수가 없을 지경이었다."

이런 곡절로 제1행성 수성은 인류가 우주를 보다 깊이 이해하는 데 기여했으며, 그로 인해 새로운 명성을 얻었다고 과학자들은 평하고 있다. 하지만 수성 궤도 안쪽에 지름 100km 미만의 소행성이 있을 거라는 가설은 아직도 존재하며, 이를 벌컨족 소행성이라 한다.

벌컨 행성을 처음 제안했던 르베리에는 파리 몽파르나스 공동묘지에 묻혀 있다. 그의 무덤 위에는 커다란 석제 천구의가 놓여 있고, 빗돌에는 '펜 끝으로 행성을 발견한 남자'(the man who discovered a planet with the point of his pen)라는 비명이 새겨져 있다.

52 **수성과 금성은 왜 새벽과 초저녁에만 보이나요?**

A 태양계의 8개 행성들은 모두 자기만의 궤도를 지키며 태양의 둘레를 돈다. 태양에 가까운 순서대로 말하자면, '수금지화목토천해'가 된

다. 지구 안쪽에 있는 행성을 내행성, 바깥에 있는 행성을 외행성이라 하는데, 지구에서 볼 때 내행성은 태양으로부터 일정한 각도 바깥으로 '절대로' 벗어나지 않는다.

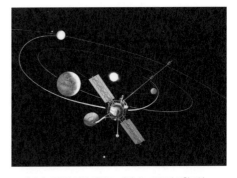

▶ 매리너 10호의 비행 개념도. 매리너는 1973년 11월 3일에 발사하여 금성의 중력도움을 받고 금성, 수성을 탐사했다. (NASA)

내행성이 태양으로부터 동쪽으로 가장 멀리 떨어진 각도를 동방 최대이각, 서쪽으로 가장 멀리 떨어진 각도를 서방 최대이각이라고 한다. 수성의 경우는 최대가 28도, 금성은 47도다. 태양계가 60억 년 후 수명을 다해 망가지기 전까지 그 바깥으로 나간 수성과 금성은 결코 볼 수 없을 것이다.

따라서 한밤중에 두 행성을 하늘에서 보는 일은 있을 수가 없고, 태양보다 동쪽에 있을 때는 저물녘의 서녘 하늘에서, 서쪽에 있을 때는 새벽 동녘 하늘에서 잠깐 볼 수 있을 뿐이다. 가장 관측하기 좋은 때는 최대이각이 되었을 때로, 특히 춘분, 추분 무렵 새벽 하늘이나 초저녁 하늘을 살펴보면 두 행성이 반짝이는 모습을 쉽게 볼 수 있다.

특히 금성은 극대광도가 1등성의 200배에 가까운 −4.6등이나 되어 때로 UFO로 오해를 받을 정도이므로 누구나 쉽게 찾을 수 있다. 또한 개기일식이 일어나면 무조건 그 지역에서는 금성을 쉽게 볼 수 있다.

금성에 비해 최대이각이 반 남짓한 수성은 좀처럼 보기 힘든 대상이다. 별지기들 중에도 수성을 못 본 사람이 많다. 심지어는 케플러 같은 천문학자도 평생 수성을 못 봤다고 하니, 인류 중에 제1행성 수성을 본 사람은 1%도 안 될 것이다. 수성 관측에 도전해 1% 안에 한번 들어보자.

53 수성과 금성에는 왜 위성이 없을까요?

A 태양에 너무 가깝기 때문이다. 위성이 행성에서 너무 멀어지면 궤도
가 불안정해져 태양에 붙잡혀버린다. 반대로 행성에 너무 접근하면,
중력의 조석효과에 의해 파괴되고 만다. 명왕성 같은 소천체도 크기가 작
으며 중력이 약한데도 위성이 5개나 있는 것은 주위에 큰 중력을 행사하는
천체가 없기 때문이다.

반대로 수성이나 금성은 가까이에 막강한 중력을 행사하는 태양이 있어
슬하에 위성을 거느리지 못하게 되었다. 수성과 금성 각각의 주기에서 위
성이 수십억 년이나 안정되게 있을 영역이 너무나도 좁은 나머지 행성에
붙잡히는 천체도 없으며, 위성이 형성되는 일도 없었을 것이다.

54 수성은 정말 태양에 바짝 구워졌나요?

A 수성이 '바짝 구워졌다'는 표현도 가능하다. 수성의 표면 온도는 한
낮에는 427℃로 올라갔다가 한밤중에는 −173℃까지 떨어진다. 무
려 600℃의 차이가 난다. 이렇게 온도 차가 큰 이유는 대기가 거의 존재하
지 않는데다 지구보다 태양에 가까워 7배나 많은 태양열을 176일 동안 같
은 면에 받기 때문이다.

영어로 머큐리Mercury라 불리는 수성은 지름이 약 4,880km로, 지구의 달
(지름 3,470km)보다 조금 더 크다. 공전주기는 88일, 자전주기는 58일로, 자전
과 공전이 3:2 비율이다. 즉 태양의 주위를 2번 공전할 동안 3번 자전한다.
따라서 수성의 항성일(자전주기)은 약 59일인 데 비해 수성의 태양일(태양이 수

성 하늘을 한 바퀴 도는 시간), 즉 하루는 무려 수성의 2년인 176일이나 된다. 그러니까 88일은 낮으로 햇빛이 내리쬐고, 다음 88일은 밤으로 태양을 전혀 볼 수 없다는 얘기다.

1639년 이탈리아의 조반니가 망원경을 사용하여 수성을 관측한 결과, 수성도 금성이나 달과 마찬가지로 차고 기운다는 것을 발견했다. 이것으로 수성이 태양 둘레를 돌고 있다는 사실이 확실해졌다.

수성은 태양계 행성 중 태양에 가장 가까우면서도 가장 길쭉한 타원궤도를 도는데, 태양에서 가장 가까울 때인 근일점은 4,600만km(0.31AU), 가장 멀 때인 원일점은 약 7천만km(0.47AU)나 된다.

표면은 달과 비슷하게 크레이터들이 많은데, 태양계가 생겨나고 5~6억 년 뒤인 약 40억 년 전 후기 대충돌'로 수많은 소행성들이 충돌하여 생긴 것들이다. 수성 표면에는 또 엄청난 운석이 충돌해 생긴 것으로 보이는 칼로리스 분지가 있는데, 분지 지름이 수성 반지름의 절반이 넘는 1,550km나 된다.

또한 수성은 행성 중 태양에 가장 가깝기 때문에 강력한 중력의 영향을 많이 받아 매년 조금씩 궤도가 움직이며, 약한 자기마당도 존재하는 것으로 확인되었다.

수성이 공전을 하는 도중 지구와 가까운 곳에서 우리의 시선방향을 지나가게 되면, 밝은 태양면의 배경 위에서 수성이 검은 작은 점으로 나타나는 것을 관측할 수 있다. 이것을 수성의 일면통과日面通過 또는 태양면 통과라고 한다. 이는 내행성이 내합일 때 태양면을 가로질러가는 식蝕의 일종

---

* 태양계가 생겨나고 5~6억 년 뒤인 40억 년 전에 있었던 소행성 대충돌. 이 후기 대충돌은 수억 년 동안 이어졌고, 그 증거는 지질학적으로 죽은 천체인 달이나 수성 표면에 있는 많은 충돌구(운석 구덩이, 크레이터)를 통해 입증되었다.

▶ 역대급 선명도를 자랑하는 수성의 생얼. 메신저가 2008년 수성을 27,000km까지 근접하여 이 이미지를 잡았다. 젊은 크레이터의 주위에 흩어진 광조(방사상 형태의 띠)들이 뚜렷이 보인다.

으로, 수성의 경우 공전 궤도면이 지구 궤도면과 정확히 일치하지 않기 때문에 자주 일어나지는 않는다. 수성은 평균 7년에 1회 일어나고, 금성은 235년, 243년마다의 6월 7일이나 12월 8일에 태양면 통과가 일어난다.

일면통과가 천문학적으로 의미를 가지는 것은 금성이 태양 표면을 지나가는 시간을 측정하면 태양의 시차를 구할 수 있고, 이를 바탕으로 태양까지의 거리를 결정할 수 있기 때문이다. 실제로 1761년과 1769년 금성의 일면통과 관측 자료를 종합하여 1771년 프랑스 천문학자 제롬 랄랑드는 1천문단위 거리를 1억 5천 3백만km로 계산했다. 망원경 관측에 바탕한 결과로는 이전 값들에 비해 정확도가 크게 향상된 것이었다.

수성을 탐사한 우주선이 있나요?

A 수성 궤도가 태양에 너무 가깝기 때문에 수성에 탐사선을 보내는 것은 고도의 기술력을 필요로 한다. 그래서 이제까지 겨우 2기의 탐사선을 보냈을 뿐이다.

태양의 중력 외에도 수성의 빠른 공전속도도 어려움을 더하고 있다. 지구의 공전속도가 초속 30km인 데 비해, 수성의 평균 공전속도는 무려 초속 48km나 된다. 따라서 수성 궤도에 들어가기 위해서는 탐사선 속도에 큰 변화를 주어야 한다. 이런 이유로 최초의 수성 탐사선인 NASA의 매리너 10호도 수성 궤도에 안착하지 못하고 몇 차례의 근접비행을 하는 것으로 만족해야 했다.

매리너 10호는 금성의 중력도움(**쪽 박스 기사 참조)으로 궤도 속도를 조정하여 수성에 근접한 탐사선으로, 수성의 거대한 크레이터와 여러 종류의 지형을 담은 표면 확대 사진을 찍어 수성 표면의 45% 정도를 지도화했으며, 수성이 헬륨으로 된 희박한 대기와 자기마당, 그리고 중심에 큰 철의 핵을 가지고 있다는 사실을 발견했다.

1975년 3월 수성에 마지막으로 근접비행한 후 매리너 10호는 연료가 바닥났으며, 통신이 끊어지고 모든 장비는 기능을 멈추었다. 그후 탐사선의 운명은 알 수 없게 되었지만, 지금도 금성과 수성 사이의 궤도에서 태양을 돌고 있을 것으로 추정된다.

NASA의 두 번째 수성 탐사선 메신저(MESSENGER: MErcury Surface, Space ENvironment, GEochemistry and Ranging)는 2004년 8월 발사되어 지구와 금성, 수성 사이를 여러 차례 오가는 곡예 같은 플라이바이 기동으로 중력도움을 얻은 끝에 6년 반 만인 2011년 3월 수성 궤도에 진입하는 데 성공했다.

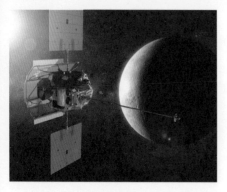

▶ 수성 탐사선 메신저. 2011년 수성 궤도 진입 후 약 4년간 수성을 4104번 돌면서 무려 10TB 용량의 40만 장 정도의 수성 사진을 지구로 전송했다.

2012년 3월까지 메신저는 약 10만 장의 수성 표면 사진을 지구로 전송했고, 2013년 3월 수성 표면의 100% 촬영을 완료해 수성 표면지도를 완성했다. 그밖에도 메신저는 4년 동안 수성을 선회하면서 수성 중심핵의 철이 액체 상태라는 것, 수성 북극에서 얼음을 발견하는 개가를 올렸다. 또한 수성이 처음 생성됐을 때보다 반지름이 7km 줄어들었으며, 그 영향으로 지표에 500km에 이르는 긴 균열이 발생했다는 사실도 밝혀냈다. 링클 리지wrinkle ridges라고 불리는 이 거대한 절벽은 수성이 생기고 얼마 지나지 않아 내부가 얼어서 수축했을 때 생긴 '주름살' 같은 것으로 보인다.

메신저는 2차례의 임무 연장 끝에 2015년 5월 1일 수성 표면에 충돌함으로써 11년간 계속되었던 임무를 종료했다. 충돌시 속도는 초속 4km였고, 이로 인해 수성 지표에는 지름 16m의 충돌구가 만들어졌다. 이 충돌구는 2018년에 출발한 세 번째 수성 탐사선 베피 콜롬보가 확인할 예정이다.

베피 콜롬보는 유럽우주국(ESA)과 일본우주국(JAXA)이 공동으로 추진하는 수성 탐사 미션으로, 2018년 10월에 발사하여, 2025년 12월 수성 궤도에 진입할 예정이다. 베피 콜롬보는 1974년 매리너 10호의 중력도움 비행을 최초로 성공시킨 이탈리아의 과학자, 수학자, 기술자인 주세페 콜롬보에서 이름을 따온 것이다.

A 금성의 온도는 납이 녹을 정도인 500도에 이르며, 때때로 황산비가 내리기 때문이다. 게다가 기압이 지구의 90배나 되기 때문에 지옥도 이런 지옥이 없을 것이다.

금성의 표면은 황산으로 이루어진 짙은 구름으로 덮여 있어 아주 뜨겁고 건조할 뿐 아니라, 금성 표면 온도는 온실가스 효과로 인해 500도에 달하며, 두터운 대기층으로 인해 대기압은 지구의 90배에 이른다. 만약 사람이 금성 표면에 내린다면 그 즉시로 납작하게 짜부러지고 말 것이다. 게다가 황산으로 이루어진 구름에서 때때로 황산비가 내린다. 이 모든 조건에서 볼 때 태양계에서 지옥과 가장 닮은 곳이 있다면 금성일 거라고 천문학자들은 입을 모은다. 금성의 영어 이름은 미의 여신 비너스Venus인데, 엄청 위험한 미녀인 셈이다.

태양계 행성 중 두 번째 행성인 금성은 보름달 빼고는 밤하늘에서 가장 밝은 천체다. 금성이 하늘에서 그렇게 밝고 아름답게 빛나는 것은 짙은 황산 구름의 반사 덕분이다.

흔히 금성은 지구의 쌍둥이 행성으로 불리는데, 크기와 질량, 화학적 조성이 비슷하기 때문이다. 뿐더러 태양

▶ 태양계에서 가장 뜨거운 행성인 금성. 황산 구름을 뚫고 찍은 사진.

지구 행성을 위협하는 온실가스

태양 에너지를 받은 행성이 그 복사 에너지를 방출할 때, 행성의 대기가 온실의 유리처럼 그것이 우주로 빠져나가기 전에 붙잡아 행성 기온을 끌어올리는 것을 온실효과라 한다.

지구 대기 중 땅에서 복사되는 에너지를 일부 흡수함으로써 온실효과를 일으키는 온실기체로 대표적인 것은 수증기, 이산화탄소, 메탄 등이 있다. 자연적인 온실효과를 일으키는 가장 강력한 것은 수증기이지만, 지구온난화의 원인이 되는 온실기체의 주범은 이산화탄소로, 주로 에너지 사용 및 산업공정에서 발생하고, 메탄은 주로 폐기물, 농업 및 축산분야에서, 아산화질소는 주로 산업공정과 비료 사용으로 인해 발생된다. 온실효과를 가져오는 물질들 가운데 이산화탄소가 전체 온실가스 배출량 중 80% 이상을 차지하고 있다.

대기 중의 이산화탄소는 매년 그 양이 늘어나고 있는데, 인간이 산업화를 진행하면서 사용하게 된 화석연료가 그 주원인이다. 1750년 산업혁명이 시작되면서 31%가 늘어나서 2007년에는 384ppm의 양이 대기 중에 존재했다. 이것은 1832년 아이스코어 조사를 통해 알게 된 이산화탄소의 농도 284ppm과 비교해보면 100ppm이 증가한 것을 알 수 있다.

온실기체로서 이산화탄소의 효력은 같은 농도의 메탄과 비교해보았을 때 약 20분의 1 정도로 약하지만, 온실효과에 미치는 영향이 가장 큰 이유는 열에너지를 저장하는 능력이 뛰어나서가 아니라, 대기의 성분 중에 차지하는 절대량이 많기 때문이다.

이산화탄소는 주로 석유, 천연가스, 석탄 등의 화석연료를 태울 때 발생하여 대기 중에 축적되며, 자동차가 휘발유를 연소할 때나 사람들이 쓰레기를 소각할 때에도 발생한다. 아직도 전력 생산에 큰 비중을 차지하는 화력발전은 연료로 석탄을 주로 쓰는 만큼 석탄의 이산화탄소 배출량이 문제가 되는 것이다.

파리 기후변화협약은 전세계 온실가스 감축을 위해 2015년 12월 프랑스 파리에서 맺은 국제협약으로, 미국과 중국을 포함해 총 195개 국가가 서명했다. 그러나 트럼프의 미국은 자국 산업에 불리하다고 2017년 6월 이 협약에서 탈퇴했다. 미국은 세계 최대의 탄소 배출국으로, 트럼프가 후손들에게 총을 겨누었다는 비판을 듣고 있다.

계 행성 중 지구와 가장 가까운 행성이기도 하다. 가장 가까울 때에는 지구–달 거리의 약 100배인 4,140만km까지 접근한다. 자전속도는 좀 느리며 그 방향도 지구와는 반대다.

그런데, 지구는 이처럼 수많은 생물들이 번성하고 있는데, 금성은 어째서 아메바 한 마리도 살 수 없는 지옥 같은 행성이 되었을까? 무엇이 이 둘의 운명을 이렇게 갈랐을까 하는 것은 과학계의 오래된 화두였다.

금성을 지옥처럼 만든 주범이 이산화탄소임이 밝혀진 것은 20세기 들어서였다. 이산화탄소는 금성 대기에서 96.5%를 차지한다. 열을 잡아 가두는 대표적인 온실기체로 지구 온난화의 주범으로 꼽히는 이산화탄소는 동물들의 호흡이나 화석연료의 연소에서 나오는 것으로 식물의 광합성에 사용되는 기체다.

지구 행성에서도 이산화탄소 배출이 빠른 속도로 증가하면서 지구온난화를 재촉하고 있다. 지구도 이대로 가면 금성의 뒤를 밟아 지옥으로 변하지 않을까 하는 우려를 사고 있다. 파리 기후변화협약을 탈퇴한 트럼프 미국 대통령이 비난받는 것도 이런 이유 때문이다.

57 금성은 낮에도 보이나요?

A 금성은 하늘에서 해와 달 다음으로 밝은 천체인 만큼 잘만 하면 낮에도 볼 수 있다. 단, 위치가 정확히 파악되어 있고, 망원경을 사용하는 것이 조건이다. 낮에 금성을 보려 한다면 일출에서 몇 시간 이내가 바람직하다. 정오가 되면 망원경을 정확한 방향으로 향하지 않는 한 금성을 보기는 불가능하다. 천문대의 큰 망원경이라면 웬만한 낮이라도 금성을 볼 수 있다.

58 금성도 달처럼 차고 이우나요?

A 금성 역시 달과 똑같은 위상변화를 보이고 있다. 맨눈으로 금성을 보면 무척 밝은 광점 하나로 보이지만, 망원경으로 보면 달처럼 한쪽이 이운 모습을 볼 수 있다. 동쪽, 서쪽 하늘에 뜬 금성을 계속 관측해보면 초승달처럼 보이다가 반달, 보름달 모양으로 계속 변화한다는 사실을 확인할 수 있다. 금성과 달리 관측하기가 쉽지는 않지만, 수성도 이 같은 위상변화를 하고 있다. 이 경우 햇빛을 받아 밝게 보이는 쪽이 낮, 어두운 쪽이 밤이다.

이처럼 금성이나 수성이 위상변화를 보이는 것은 지구보다 안쪽 궤도를 돌면서 궤도상의 위치에 따라 지구에서 볼 때 달리 보이기 때문이다. 이는 달이 차고 이우는 것과 마찬가지 이치다. 갈릴레오는 망원경으로 금성의 위상변화를 발견하고 지동설의 강력한 증거로 삼았다. 천동설로는 이 금성의 위상변화를 설명할 길이 없기 때문이다.

금성이 태양을 사이에 두고 지구 반대편에 있을 때를 외합外合이라 하는데, 이때는 금성의 낮 부분밖에 보이지 않으므로 금성은 보름달처럼 보인다. 금성이 태양으로부터 가장 멀리 떨어진 최대이각의 위치에 있을 때는 낮-밤 부분이 반씩 보

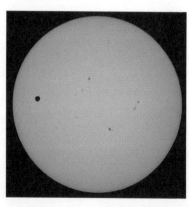

▶ 금성의 태양면 통과. 금성이 태양면을 통과하는 시간을 측정하면 태양까지의 거리를 알 수 있다. 2012년 6월 6일 경기도 과학교육원에서 촬영. (사진 김석희)

이는 반달형이 된다. 금성이 태양과 지구 사이에 들어와 일직선을 이룰 때를 내합內合이라 하는데, 이때는 금성의 그믐으로 보이지가 않는다. 금성의 일면통과(태양면통과)는 이럴 경우에 이따금씩 일어난다.

최근의 금성 일면통과는 2012년 6월 6일에 있었고, 다음 일면통과는 105년의 간격을 두고 2117년 12월 10~11일에 일어난다.

수성이 내합, 외합인 때 지구와의 거리는 2.3배 차이가 나지만, 금성의 경우는 6.3배나 차이난다. 금성이 가장 밝게 보일 때는 위상변화와 거리를 감안하면 최대이각과 내합의 중간인 3/4 정도 이운 상태일 때로, 이때가 극대광도가 된다.

59 금성은 왜 다른 행성과 역방향으로 자전하나요?

A 초창기에 큼지막한 소행성에 한 방 맞은 게 원인일 것으로 보고 있다. 원시 태양계 시절에는 한동안 소행성 대폭격 시대가 있었다. 태양계 속을 어지러이 떠돌던 소행성들이 원시 행성들을 마구 들이받는 격동기였다. 달과 여러 행성 표면에 남아 있는 수많은 크레이터들이 그 증거다.

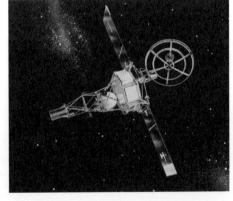

▶ NASA의 금성 탐사선 매리너 2호. 매리너 2호는 미국 최초로 행성 탐사에 성공한 행성 탐사선이다. 3개월 반의 비행을 거쳐 금성에 도착해 금성의 접근 통과에 성공했다.

그 무렵 한 덩치 큰 소행성이 금성을 들이받았다. 지구의 경우에는 충돌 소행성과 파편들이 우주공간으로 탈출해 달을 만들었지만, 금성의 경우에는 본체에 합쳐지고 말았다. 뿐더러 충돌 소행성의 입사 각도가 금성의 자전 각운동량을 역전시켜 자전 방향이 역전되기에 이르렀다.

태양계의 행성들이 모두 반시계 방향으로 자전하고 공전하지만, 금성만은 시계방향으로 자전하고 반시계 방향으로 공전한다. 그 대신 자전속도가 여덟 행성 중에서 가장 느리다. 자전에 의한 지구 적도에서의 속도는 시속 1,600km에 달하지만, 적도의 금성 표면은 시속 6.5km에 지나지 않는다. 이런 이유로 금성은 자전주기가 지구 시간으로 243일이나 되고, 하루가 1년 (225일)보다도 더 긴 희한한 행성이 되었다. 또한 금성의 태양일*은 117일인데, 금성 표면의 관측자는 태양이 117일마다 서에서 떠서 동으로 지는 것을 관찰하게 된다.

금성에는 위성이 없는 것으로 알려져 있지만, 지름 210~470m 소행성 2002 VE68이 금성과 유사 위성궤도 관계를 유지하고 있는 준위성으로, 2002년에 발견되었다.

60 ┆ 화성에는 달이 정말 두 개 있나요?

A 아주 작은 달이 두 개 있다. 둘 다 감자처럼 찌그러진 모양을 하고 있는데, 덩치가 작아 자기 몸을 충분히 구형으로 만들 만큼 중력이

---

* 태양의 중심선이 자오선(meridian)을 통과하고 나서 다시 자오선을 통과할 때까지의 시간, 곧, 지구가 태양에 대해 한 번 자전하는 데 걸리는 시간을 말한다. 계절에 따라 약간씩 다른데, 우리가 사용하는 평균 태양일 시간은 24시간이다.

강하지 못하기 때문이다. 가장 긴 쪽을 재봐도 하나는 27km, 다른 하나는 16km밖에 되지 않는다. 이렇게 작기 때문에 1877년에야 발견되었다. 발견한 사람은 미국의 천문학자 아사프 홀로, 두 위성에는 그리스 신화에 나오는 전쟁 신 아레스의 두 아들인 포보스와 데이모스라는 이름이 각각 붙여졌다.

▶ NASA의 화성 탐사선이 1999년 4월에 촬영한 화성 사진.

그런데 이들이 발견되기 150년 전에 화성에 달이 두 개 있을 거라고 예언한 사람이 있었다. 영국의 작가 조너선 스위프트의 〈걸리버 여행기〉에서 하늘을 나는 과학자들이 화성에서 두 개의 위성을 발견했다는 얘기가 나온다.

화성의 두 위성은 화성의 적도면 근처를 거의 원 궤도를 그리며 도는데, 지구의 달과 같이 자전주기와 공전주기가 같아서 화성에 대해 항상

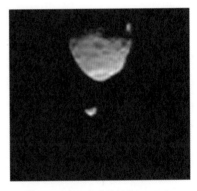

▶ 화성의 위성인 포보스(위)와 데이모스. 화성 표면을 탐사하는 NASA의 큐리오시티가 2013년 8월 1일 한 화면으로 잡았다. (NASA/JPL-Caltech)

같은 면만 향한다. 화성으로부터 약 9,380km의 거리에서 7시간 40분의 공전주기로 돌고 있는 포보스는 화성의 자전속도보다 빠르게 공전하기 때문에 화성 지표면에서 보면 서쪽에서 떠서 동쪽으로 지며, 데이모스는 약 23,400km 떨어져서 30시간 30분의 공전주기로 돌고 있다.

화성 바깥으로는 소행성들의 영역인 소행성대[*]가 있다. 두 위성은 약 10억 년 전 소행성대에서 화성의 중력으로 끌려나온 소행성으로, 표면의 사진을 보면 크고 작은 크레이터들로 뒤덮여 있는 모습이 여느 소행성과 똑같다.

10억 년 동안 화성 둘레를 쉼없이 돌던 이 두 위성은 머지않아 운명이 바뀔 것으로 예측되고 있다. 포보스는 아주 서서히 화성에 가까워지고 있어 약 2천만 년 후 화성 표면에 충돌하게 될 것이며, 반면에 데이모스는 서서히 멀어져 언젠가 화성과 이별을 고할 것으로 예측되고 있다. 회자정리는 우주의 법칙이기도 하다.

61 화성이 역주행한다고요?

A 정확하게는 화성의 역행운동이라 한다. 도로에서 차가 반대편 차선을 역주행하는 것과는 달리 화성이 '역행하는 것처럼' 보이는 현상이다. 실제로 역주행하는 건 아니란 뜻이다. 그래서 겉보기 역행운동이라 한다. 이에 반해 일반적인 의미의 역행운동은 공전 체계의 중심부를 이루는 객체인 기본체의 회전과는 반대 방향으로 이동하는 것을 말한다. 순행운동은 다른 천체들과 같은 방향으로의 이동이다.

겉보기 역행운동은 행성이나 천체가 특정 위치에서 관측될 때, 그것이 속한 행성계 내에서 다른 천체들의 방향과는 반대로 이동하는 것이다. 천동설을 만든 고대 천문학자들을 가장 괴롭힌 문제가 바로 이 역행운동이었

---

[*] 화성 궤도와 목성 궤도 사이에 소행성이 많이 있는 영역이다. 높이 1억km, 가로두께 2억km 크기의 도넛 모양이다. 태양으로부터 평균 거리는 2.2~3.3AU이며, 공전주기는 3.3~6.0년이다.

다. 그중에도 화성의 역행은 특히 너무나 뚜렷하여 모든 천체는 지구를 중심으로 원운동을 한다는 천동설의 제1원칙을 무참하게 짓밟는 것이었다.

밤하늘을 관측할 때 지구 자전의 결과로 밤마다 모든 행성과 항성이 동쪽에서 서쪽으로 이동하는 것으로 보이지만, 외행성은 항성에 비해 천천히 동쪽으로 이동한다. 그런데 지

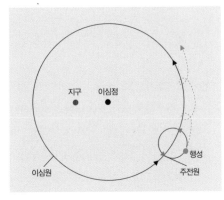

▶ 지구(파란색)가 화성(빨간색)과 같은 외행성을 지날 때, 외행성은 일시적으로 반대 방향으로 진행하는 것처럼 보인다.

구는 궤도 밖의 외행성보다 더 짧은 기간에 공전을 완료하므로, 주기적으로 그것들을 추월한다. 고속도로에서 더 빠른 자동차가 옆 차선의 차를 추월하는 것과 같다. 그럴 때 옆 차가 뒤로 가는 듯이 보인다. 마찬가지로 추월당하는 행성은 동쪽으로 가다가 거꾸로 가게 된다. 이윽고 지구가 그 행성을 앞지르게 되면 다시 정상적인 방향으로 이동하는 것으로 보인다.

이러한 현상은 어디까지나 겉으로 드러나는 현상일 따름이지만, 고대 천문학자들은 실제 상황으로 오인했고, 그것을 천동설에 끼워맞추기 위해 원궤도 위에 다시 주전원周轉圓* 이라 불리는 작은 원을 설정하는 것으로 땜질을 했다. 150년경 고대 그리스의 천문학자 프톨레마이오스는 태양과 달,

---

* 어느 원의 원주 위를 도는 점을 중심으로 하여, 다시 또 하나의 작은 원을 부여할 때 이 작은 원을 주전원이라 한다. 주전원은 천동설에서 천구 상에서 행성들의 역행과 순행을 설명하기 위해 천체의 운동을 원운동에 조합한 것으로 BC 2세기 히파르코스가 고안했으며, 2세기 프톨레마이오스의 〈알마게스트〉에서 거의 완성되었다.

그리고 다른 행성들이 각각의 주전원 원주를 따라 움직이는 천동설을 완성했다.

겉보기 역행운동은 먼 거리의 행성일수록 더 자주 일어난다. 태양－지구－외행성이 충(외행성이 태양과 정반대의 위치에 오는 상태)일 때 겉보기 역행운동이 일어나는데, 먼 거리의 행성일수록 그 주기가 짧아지기 때문이다. 각행성의 역행운동은 다음과 같다. 화성은 25.6개월마다 72일, 목성은 13.1개월마다 121일, 토성은 12.4개월마다 138일, 천왕성은 12.15개월마다 151일, 해왕성은 12.7개월마다 158일을 각각 역행한다.

62 화성 생명체의 화석이 발견된 적이 있나요?

A 화성에서 날아온 운석에 화성 생명체의 흔적이 담겨 있다는 논문이 1996년 8월 〈사이언스〉지에 발표되면서 화제가 되었던 적이 있다.

1984년 남극의 앨런 구릉에서 발견되어 앨런 구릉 84001(Allan Hills 84001, ALH84001)이라는 이름을 얻은 이 운석은 최신 연대측정 기술을 이용해 지구까지의 여정을 복원한 결과, 1천 6백만 년 전 소행성 충돌로 화성에서 떨어져나와, 1만 3천 년 전까지 우주를 떠돌아다니다가 지구의 중력장 안으로 들어왔고, 대기권을 통과해 남극의 빙하지대에 떨어진 것이라는 결론을 내렸다.

1.9kg의 앨런 힐스는 겉으로 보기엔 야구공만 한 평범한 초록빛 돌로 보이지만, 그 나이는 무려 45억 년 묵은 것임이 밝혀졌다. 지구 암석 중에 가장 오래된 것이라 해도 40억 년을 넘지 않으며, 달에서 나온 이른바 창세기의

돌(Genesis Rock)*만이 앨런 힐스와 견줄 만한 연대다. 말하자면 앨런 힐스는 태양기 초기에 태어나 45억 년 동안 본모습을 유지해온 불굴의 유물이라 할 수 있다.

이 운석을 유명하게 만든 것은 지구 원시 박테리아가

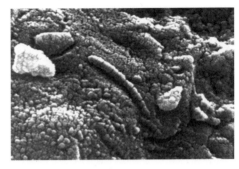

▶ 앨런 힐스의 운석과 화석 형태. (NASA)

만들어낸 것과 비슷한 내부 형태와 잔해를 갖고 있다는 점이다. 운석 안에는 탄산염이라는 미세한 금빛 입자가 있는데, 여기에 화성 박테리아 화석을 포함하고 있다는 주장이 제기되면서 이목을 끌었다. 지질학에서 탄산염이 존재한다는 것은 보통 물이 있는 장소에서 왔다는 것을 의미한다.

운석에서 검출된 물질들이 생명체의 흔적인지에 대해서는 아직 확실한 결론이 내려지지 않고 있지만, 학계의 대세는 화성 생명체와 무관하게 생성되었다는 쪽으로 기울고 있다.

63 화성에 생명이 존재할 가능성이 있나요?

A 행성 중에서 생명체가 존재했거나 존재할 가능성이 가장 높은 곳의 하나가 화성이다. 화성이 여러 면에서 지구와 비슷하기 때문에

---

* 1971년 달에 4번째로 착륙한 아폴로 15호 승무원들이 가져온 달의 암석. 달의 나이가 42억 년인데 이 돌은 41억 년이나 된 오랜 것이라 '창세기의 돌(Genesis Rock)'이란 이름이 붙었다.

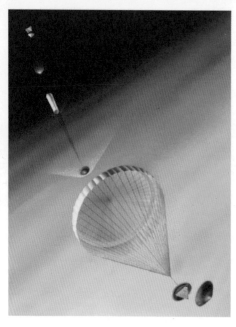

▶ 화성 대기권에 진입하는 마스 패스파인더. 1997년에 화성에 착륙한 무인 착륙선과 이동식 로버를 지칭하는 말로, 이동식 로버의 이름은 소저너다.

화성 생명체의 가능성을 놓고 오랫동안 많은 논란들이 있어왔다. SF소설이나 영화 같은 대중매체에는 상상 속의 화성인이 자주 등장하지만, 과연 화성에 생명체가 있는지, 혹은 과거 한때 존재했는지의 여부는 아직까지 수수께끼로 남아 있다.

실제 지구에서도 극한의 조건으로 여겨지는 상황에서도 박테리아는 살고 있다. 돌 속에 수백만 년 갇힌 채 돌의 물질을 먹으면서 사는 박테리아도 있으며, 강한 산성 액체 속이나 비등점에 가까운 바다 속 열수에서도 생을 영위하는 박테리아나 미생물들이 존재한다. 이에 비하면 화성 지표 하의 상태는 훨씬 쾌적한 곳일지도 모른다.

1997년 7월 미국 NASA의 마스 패스파인더와 소저너에 의한 화성탐사에서, 화성 표면은 지질학적으로 복잡하지만 화학적으로는 지구에 가깝다는 사실이 밝혀졌으며, 2008년 7월에는 미국의 화성 착륙선 피닉스가 화성 지표에서 물을 발견했다.

오랜 화성 탐사에서 수집된 자료들을 종합 분석해본 결과, 수십억 년 화성은 지구와 아주 흡사했던 것으로 여겨지고 있다. NASA 연구진들은 화성 착륙 로버 큐리오시티가 전송해준 이미지들을 분석해 화성 게일 분화구에 호수가 7억 년 동안 존재했었다는 증거를 발견했다. 물론 이 같은 내용이 화성에 생명체가 살았다는 사실을 직접적으로 증명하는 것은 아니지만, 화성이 약 7억 년이라는 오랜 기간 동안 생명체가 탄생하고 살 수 있었던 환경이었다는 것을 의미한다.

NASA는 2020년에 '마스Mars 2020'이라고 이름 붙인 차세대 화성착륙선을 보내 수십억 년 전 화성에서 살았던 생명체의 확실한 흔적을 찾고, 앞으로 인류의 도착을 대비해 화성의 다양한 기후변화를 관측할 계획이다. 특히 화성에서 채취한 토양 시료를 보관했다가 지구로 보내는 임무도 포함되어 있다. 과학자들은 이 시료에서 박테리아의 화석을 찾으면 사상 최초로 지구 밖에서 생명체의 존재를 확인하는 일대 사건이 될 것으로 기대하고 있다.

64 화성 표면에 사람 얼굴이 정말 있나요?

A 얼굴이 있는 게 아니라, 얼굴 형상이 있다. 뿐더러 이구아나의 화석에서 오바마의 얼굴에 이르기까지 화성 표면에서 발견했다고 하는 얘기들이 끊임없이 나오고 있다.

화성의 얼굴(Face on Mars)이라 불리는 이 형상은 1976년 화성 탐사선 바이킹 1호가 화성 표면을 촬영한 뒤 지구로 보낸 사진에서 나타난 것으로 끊임없는 논란을 일으켰다. 이 형상은 눈, 코, 입을 갖춘 사람의 얼굴과 흡사하게 보인다. 이러한 것들은 대개 그림자나 침식작용의 결과로 빚어지는 수가 많다.

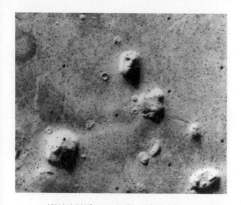

▶ '화성의 얼굴'. 1976년 7월 25일 화성 궤도선 바이킹 1호가 찍었다. '얼굴'은 화성 지표 시도니아 지역의 암석 부스러기가 만든 형상임이 밝혀졌다. (NASA)

이런 얘기에는 흔히 음모론까지 가세해, '화성의 얼굴'을 두고도 외계인이 화성에 남긴 고대문명의 흔적이라며 미국 정부와 과학자들이 이 같은 사실을 숨기고 있다는 주장이 제기됐다. 화성은 태양계에서 지구 다음으로 생명체가 존재할 가능성이 높은 환경을 지닌 행성이기 때문에 외계인과 관련된 각종 음모론의 무대가 돼왔다. 그러나 이후 공개된 NASA의 고해상도 사진을 통해 화성의 얼굴이 거대한 바위산 기슭의 암석 부스러기에 불과하다는 사실이 드러났다.

몇 년 전엔 화성 표면에서 외계인의 '관짝'을 발견했다는 주장이 나와 사람들의 이목을 끌기도 했다. 이 같은 주장을 한 사람은 미국 메릴랜드를 근거지로 하는 UFO 탐색꾼인 윌 패러 씨로, '장식된' 관이 틀림없다고 주장하고 있다. 그는 NASA의 화성 탐사 로버 큐리오시티가 보내온 이미지를 샅샅이 조사한 끝에 이 '관짝'을 발견했다고 주장한다.

하지만 과학자들은 자연물이 인공물이나 다른 물체처럼 보이는 것은 심리적인 요인으로 발생하는 변상증變像症(pareidolia)일 뿐이라고 보고 있다. 말하자면 보고 싶은 대로 본다는 뜻이다. 사람의 눈은 패턴에 길들여져 있어 비슷한 형상만 보면 곧 머릿속에 입력된 상으로 치환해버린다. 따라서 늘 객관적인 시각과 냉철한 판단력이 꼭 필요하다.

65 화성은 왜 붉을까요?

A 화성 표면에 많이 섞여 있는 철 성분이 녹슬어 붉게 보이는 것이다. 화성 표면의 약 70%가 산화철로 인한 적갈색 흙으로 뒤덮여 있다.

이러한 화성의 붉은빛 때문에 동양권에서는 불을 뜻하는 화火를 써서 화성 또는 형혹성熒惑星이라 부르고, 고대 그리스인은 화성을 전쟁의 신의 이름을 따서 아레스Ares라고 불렀다. 로마에서도 이 이름을 그

▶ 화성을 상징하는 기호.

대로 번역하여 화성을 마르스Mars라고 불렀다. 화성의 기호는 마르스의 방패와 칼로 여겨진다. 또한 화성의 붉은빛이 마치 화성과 경쟁을 하는 듯이 보이는 전갈자리 1등성에는 '화성의 적'이라는 뜻으로 안타레스(안티 아레스)라는 이름이 붙여졌다.

1976년 잇달아 화성 지표에 착륙한 NASA의 바이킹 1, 2호의 착륙 로버는 바위와 모래의 사막이 넓게 펼쳐진 화성 표면 사진을 찍어 지구로 전송하는 한편, 화성의 토양을 자세히 조사한 끝에 화성의 붉은빛이 산화 제2철 등의 철 산화물, 곧 철이 녹슨 것임을 알아냈다.

태양계 제4의 행성 화성은 지름이 약 6,800km로, 지구의 0.53배 정도 되며, 태양으로부터 지구 – 태양 간 거리의 1.5배쯤 되는 평균 2억 2,800만km 떨어진 궤도를 도는데, 꽤나 길쭉한 타원형 궤도라서 근일점과 원일점의 거리 차이가 4,250만km나 된다. 따라서 지구와의 거리도 크게 변하는데, 가장 가까이 접근할 때를 대접근, 멀 때를 소접근이라고 한다. 화성의 접근은 약 2년 2개월마다 반복되며, 대접근은 15년이나 17년마다 일어난다. 이때가 화성 관측의 최적기다.

화성의 자전축은 지구와 비슷한 25도이며, 화성의 하루(Sol)인 자전주기 역시 지구와 비슷해 24시간 37분이다. 그리고 공전주기는 지구의 1.88배쯤으로 거의 지구의 2배에 달해 계절의 길이도 지구의 2배쯤 된다. 여러모로 지구와 가장 닮은 행성으로 우주 식민개척 0순위의 천체라 할 수 있다. 그러나 표면 온도는 평균 영하 63℃나 된다. 단, 95% 이상 이산화탄소로 이루어진 얇은 대기 덕으로 적도 부근

▶ 붉은 흙으로 뒤덮힌 화성 표면의 오퍼튜니티. 2004년부터 활동한 오퍼튜니티는 2011년 '제2의 착륙지점'으로 묘사되는 인데버 분화구에 도착했으며, 현재까지도 계속 움직이며 여러 정보들을 수집하고 지구로 꾸준히 전송하는 중이다.

에서는 낮에는 최고 20℃, 새벽에는 최저 –80℃ 정도 된다.

66 화성인이 정말 있나요?

A 화성에는 화성인이 살지 않는다. 뿐더러 수많은 탐사 로버들이 70년대 중반부터 화성에 착륙하여 표면을 돌아다니거나 화성 땅속을 뒤져봤지만 이제껏 어떠한 생명의 흔적도 발견하지 못했다.

화성인(Martian)이란 말이 지구 행성인의 입에 오르내리게 된 것은 1877년, 이탈리아의 천문학자 조반니 스키아파렐리(1835~1910)가 화성표면에서 '수로'로 보이는 것이 발견되었다고 발표한 것이 그 발단이었다. 이 수로(canali)가 영어로 번역되는 과정에 운하(canal)로 오역되는 바람에 고등생물

에 의해 건설된 것으로 잘못 알려 지게 되었다. 화성 탐사 열풍의 역 사도 여기서 시작되었다.

더욱이 1898년 영국 작가 H. G. 웰스의 공상과학 소설로, 화성인 의 지구 침공을 다룬 〈우주전쟁(The War of the Worlds)〉이 나오자, 머리가 크고 팔다리가 가는 화성인의 모습 등 여러 가지 상상이 퍼지고 화성 열풍은 더욱 고조되었다.

〈우주전쟁〉은 나중에 미국에서 라디오 드라마로 만들어져 미국을 발칵 뒤집어놓았다. 미국의 영화감 독, 배우, 각본가인 오손 웰스가 감 독, 각본, 제작, 목소리 연기를 모 두 도맡아 만든 라디오 드라마 〈우 주전쟁〉은 1938년 10월 30일, 핼러 윈 특집으로 미국의 CBS 라디오 방 송을 통해 전파를 탔다. 이 생방송 은 연출임에도 불구하고 수많은 청 취자들로 하여금 실제로 화성인이

▶ 웰스의 〈우주전쟁〉 1906년 프랑스어판에 나오 는 삽화.

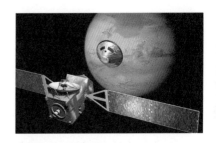

▶ 화성 표면에 착륙 모듈을 내리는 엑소마스. 엑 소마스ExoMars(Exobiology on Mars)는 유럽우 주국(ESA)과 러시아 연방우주국(RFSA)이 참여 하는 화성 탐사계획이다. (ESA/ATG Medialab)

침공했다고 믿게 만들어 거리로 뛰쳐나온 피난민들도 적지 않았다고 한다.

미국 애리조나주 플래그스탭산에 로웰 천문대를 지은 퍼시벌 로웰도 화 성 열풍에 휩쓸린 사람 중의 하나였다. 이 천문대의 보조 직원 클라이드 톰

보는 나중에 명왕성을 발견하는 쾌거를 올렸다.

1975년 바이킹 1호의 탐사선 착륙으로부터 시작하여 2011년의 큐리오시티 로버의 착륙까지 반세기 동안 수많은 탐사 로버들이 화성표면의 대기나 온도에 관한 조사를 진행한 결과, 화성표면의 자연조건은 지구에 비해 생물이 살기에 매우 부적합하다는 사실이 판명되었다. 또한 화성의 위치는 생명 서식 가능 지대보다 반 천문단위 정도 멀리 떨어져 있고 물은 얼어 있다. 이런 여러 가지 점에 비추어볼 때 화성인의 존재는 과학적으로는 가능성이 퍽 낮다. 그러나 화성에 다른 생명체가 존재했거나 하고 있는가에 대해선 아직 확실한 답을 얻지 못하고 있다.

화성에 은하 귀신 '구울Ghoul'이 살고 있다면서요?

A 화성에서 현재까지 구울이란 은하 귀신을 발견하지는 못했다. 구울이란 아랍 신화에서 무덤 주변을 어슬렁거리며 사람 시체를 뜯어먹는 좀비 비슷한 귀신으로, 식시귀食屍鬼라고도 한다.

화성에 은하 귀신 구울이 산다는 것은 수많은 탐사선들이 원인 모를 실패로 화성을 무덤삼게 되면서, 과학자들이 화성에 탐사선을 먹고 사는 은하 귀신(Ghoul)이라도 있는가 하는 푸념에서 나온 말이다.

지금까지 인류의 우주 개척에서 가장 많은 시련과 좌절을 안긴 것은 단연 화성이다. 화성으로 보낸 많은 로봇 탐사선 중에서 몇몇은 대단한 성과를 거두었지만, 탐사의 실패율은 매우 높았다. 실패 사례 중 명백한 기술적 결함에 따른 것들도 있었지만, 많은 경우 연구자들은 확실한 실패 원인을 찾을 수가 없었다. 이를 과학자들은 화성의 저주라 불렀다.

화성 탐사는 우주 탐사의 중요한 부분 중 하나로 미국, 러시아, 유럽, 일본 등에서 추진되고 있다. 1960년대 이후 궤도 위성, 탐사선, 로버 등 수십 개의 무인 우주선이 화성으로 보내졌다. 화성 탐사의 목적은 화성의 현재 상태와 화성의 자연사를 탐구하고, 화성 생명체를 찾는 것이다.

화성 탐사에는 천문학적인 비용이 소요된다. 행성 간 여행에 따르는 갖가지 위험요소를 들자면, 발사 실패, 궤도진입 실패, 착륙 실패, 통신 두절 등, 도처에 지뢰가 깔려 있는 모양새다.

▶ 〈천일야화〉에 등장하는 식시귀. (wiki)

화성 탐사에서 중요한 것은 발사 시간대이다. 약 2년 남짓한 기간을 주기로 지구-화성의 공전 주기와 공전 궤도의 차이로 인해 지구-화성 간 거리는 지속적으로 변화한다. 그 거리가 가장 짧아지는 근접기가 발사 시간대이다.

화성 탐사의 테이프를 끊은 나라는 소련으로, 1960년 화성 접근을 목표로 마닉스 1호를 발사했으나 실패로 끝났으며, 그후로도 소련의 화성 탐사 마스 시리즈는 여러 차례 발사 실패와 착륙 실패를 맛봤다.

최초로 화성의 표면에 착륙을 시도한 탐사선은 소련의 마스 2호와 마스 3호였으며, 마스 3호는 최초로 화성 표면의 이미지를 지구로 전송했지만, 화성 착륙 도중 20초간 빈 화면을 전송한 뒤 교신이 끊겨 실패했다.

화성 궤도에 우주선을 최초로 진입시키는 데 성공한 것은 1972년 10월

▶ 단 한 번으로 화성 궤도 진입에 성공한 인도의 망갈리안. 2013년 11월 5일 발사된 인도의 화성 궤도선이다. (wiki)

27일 미국의 매리너 9호였고, 화성 표면 착륙에 최초로 성공한 탐사선은 1976년 미국의 바이킹 1호였다. 바이킹은 착륙 모듈을 내려 화성 표면에 내려앉았다. 이 임무를 통해 인류는 첫 번째 컬러 사진과 더욱 확장된 과학적 정보를 얻을 수 있었다. 그러나 미국 역시 그전에 여러 차례의 실패를 피할 수 없었다. 그중에는 미터법 대신 피트 단위를 잘못 입력시켜 궤도선을 화성에 충돌시킨 어처구니없는 사고도 있었다.

이처럼 화성에 도전한 미국, 소련, 유럽, 일본 등 여러 나라 중 실패를 맛보지 않은 경우가 없었지만, 2014년에 예외가 발생했다. 인도의 화성 궤도선 망갈리안이 단 한 번의 시도로 화성 궤도에 진입하는 데 성공한 것이다. 그것도 미국의 탐사선 비용의 1/10 비용으로 성공시켜 세계의 부러움을 샀다. 과연 수학과 컴퓨터 강국다운 면모였다. 인도에게만은 화성의 저주도 은하 귀신도 통하지 않은 셈이다.

화성 탐사에서는 단연 미국이 선두를 달리고 있는 중인데, 2008년 7월 31일 NASA는 화성 탐사선 피닉스가 화성에 물이 존재함을 확인했다고 발표했다. 피닉스는 2008년 11월 10일 임무가 종료되었다.

일본은 1998년 7월 화성 궤도선 노조미(Planet-B)를 발사했지만, 2003년 12월 화성 궤도에 진입하는 데 실패했다.

현재 화성에는 NASA의 화성 정찰위성 등 몇 기의 궤도선이 돌고 있으며, 화성 표면에는 NASA의 큐리오시티 등 몇 기의 로버들이 활동하고 있는 중이다.

'마음'과 '기회' — 화성 탐사차들의 이름

2003년 NASA는 쌍둥이 화성 탐사차들을 화성 표면에 안착시켰다. 스피릿(Spirit)과 오퍼튜니티(Opportunity)라는 이름의 두 탐사 로봇은 2004년 1월에 각각 화성의 서로 반대편 지역에 무사히 착륙하여, 토양과 암석을 분석하는 등, 탐사 임무를 시작했다.

'스피릿'과 '오퍼튜니티'라는 이름은 NASA에서 실시한 공모전에서 고아원 출신의 9세 소녀가 낸 것으로 화제를 모았다. 당시 어느 가정에 입양되었던 소녀는 작명 이유를 이렇게 말했다.

▶ 화성 표면의 스피릿 로버. 2004년 1월에 화성 표면에 착륙. 2010년 3월 22일 마지막 교신 이후 통신이 끊겼다. (wiki)

"고아원에 있을 때 내가 바라본 밤하늘은 춥고 어두웠다. 내게 가족이 생겼을 때 바라본 밤하늘은 달라 보였다. 밤에 눈을 뜨고 밤하늘을 바라보면 한결 좋아진 느낌이었다. 내게 이런 마음(스피릿)과 기회(오퍼튜니티)를 준 데 대해 감사한다."

스피릿과 오퍼튜니티는 길이 약 1.6m, 무게 174kg, 최고 속도는 초속 5cm다. 두 탐사 로봇의 활동은 감동적이고 눈부셨다. 특히 착륙 17일 만에 통신이 끊긴 스피릿은 66번의 재부팅 끝에 되살아나, 지구인들에게 큰 감동을 안겼다. 그러나 2010년 3월 22일 마지막 교신 이후 통신이 끊겼다. 반면, 오퍼튜니티는 모래에 바퀴가 빠지는 사고에도 35일간의 사투 끝에 극적으로 모래에서 빠져나와, 예상 생존기간을 훨씬 넘긴 지금까지 임무를 수행하고 있다.

NASA는 다시 2012년 8월, 세계인들이 숨죽이고 지켜보는 가운데, 1톤이나 되는 화성 탐사 로봇 큐리오시티를 화성 지표에 사뿐히 내려앉히는 데 성공했다. 탐사차가 화성 대기권을 하강하는 동안 낙하산이 펼쳐지지 않거나, 스카이 크레인이 제대로 작동하지 않거나 등등, 무엇 하나만 삐끗해도 모든 게 끝장인 이 착륙과정은 통신마저 끊겨 피를 말리기 때문에 '7분의 테러'라 불렸다. 첨단 카메라와 갖가지 과학장비를 갖춘 큐리오시티는 지금껏 5년에 걸쳐 화성 표면을 돌아다니며, 흙과 암석에서 생명체에 필수인 물과 미생물을 찾는 임무를 해나가고 있다.

행성 탐사에서 가장 중요한 목표는 지구 이외의 행성에서 생명체나, 생명체가 존재했던 근거를 찾아내는 것이다. 이런 이유로 화성에 대한 인류의 관심과 탐사는 갈수록 높아지고 있다. 어쩌면 화성이 우주에서 유일한 지구인의 피난처가 될지도 모른다는 이유도 있다.

한편, 몇 년 전에는 네덜란드의 한 사설 기관이 화성 정착촌을 만들 지원자를 공모했다. 최종 20명을 선발하는 데 지원자가 무려 20만 명이나 몰렸다고 한다. 한 번 가면 다시는 지구에 돌아올 수 없다는 조건인데도 말이다. 그중에는 처녀들도 있었다. 가장 먼저 화성인 아기를 낳겠다는 꿈을 갖고 있단다. 정말 용감한 사람들이 많다.

오늘밤 마당에 나가, 앞으로 인류가 살게 될지도 모르는 붉은 행성, 화성을 밤하늘에서 한번 찾아보자. 거기에는 아직도 오퍼튜니티와 큐리오시티가 굴러다니고 있을 것이다.

68 화성에는 과거에 정말 바다가 있었나요?

A 과거 한때 화성에 지구와 같은 바다가 있었다. 과학자들이 화성 대기의 물에 포함되어 있는 수소와 중수소의 비율을 보여주는 화성의 대기권-지표 지도를 분석해본 결과, 과거 '붉은 행성'의 지표 20%가 바다로 덮여 있었다는 연구결과를 이끌어냈다. 물의 양은 지구 대서양보다 많았지만 오래 전 모두 우주로 증발되고 말았다고 한다.

현재 화성의 지표는 춥고 건조하지만 수십억 년 전 많은 강과 호수, 그리고 바다가 존재했던 증거를 수없이 보여주고 있다. 화성 표면에는 물이 흐른 흔적인 깊은 협곡과 강줄기, 삼각주 같은 지형들이 곳곳에 널려 있다. 극관*에도 많은 물이 포함되어 있는 것으로 여겨진다. 물이 있는 곳에는 생명이 서식할 수 있다. 과학자들은 화성에 오랜 기간 물이 존재했던 만큼 생명체가 나타나 진화할 수 있는 충분한 시간이 있었을 것으로 보고 있다. 또

---

* 화성의 극지방에 이산화탄소가 언 드라이아이스로 뒤덮인 지역.

한 지표 아래 대수층에 생명이 서식하고 있을지도 모른다는 예측을 조심스레 내놓고 있다.

화성의 바다가 왜 사라져버렸는지, 그리고 화성 지표 아래 물이 얼마나 있

▶ 화성의 극관. ESA의 화성 궤도선 마스 익스프레스가 잡은 화성 북극의 극관이다. (ESA)

는지는 아직까지 밝혀지지 않고 있다. 가능한 추론은 화성의 약한 중력이 대기를 붙잡아두지 못해 희박한 대기만이 남게 되었고, 그에 따라 화성 지표의 물이 우주로 증발되었다는 것이다. 또 대기가 얇아짐에 따라 온도가 낮아져 액체였던 물이 얼어버려 화성 지하에 남게 되었다고 한다. 그러나 보다 확실한 원인을 밝혀내려면 화성 대기 안에 있는 물이 어떤 물인지를 먼저 알아내야 한다.

보통 물은 하나의 산소 원자가 두 개의 수소원자를 붙들고 있는 형태이다. 그런데 이들 수소 중 하나나 둘이 핵 안에 중성자가 하나 있는 중수소일 수가 있다. 그런 물을 중수重水라고 한다.

연구자들은 화성의 어느 지역 물 성분을 조사해본 결과 중수의 비율이 예상보다 높다는 것을 알아냈다. 이는 지구의 물에 비하면 거의 7배에 육박하는 수준으로, 화성의 바다가 과거에 많은 물을 잃어버렸음을 말해주는 것이다.

새로운 발견에 근거하여 과학자들은 45억 년 전 화성은 지표를 20% 뒤덮을 만큼 많은 물을 가지고 있었다는 결론에 이르렀다. 당시 화성에는 두터운 대기가 존재해 액체인 물이 가득한 바다가 있었으며, 파란 하늘과 하얀 구름, 굽이치는 산맥까지 있어 휴가지로서도 손색이 없었을 것으로 여

겨진다. 하지만 세월이 흐르면서 화성의 하늘은 붉은색으로 변했고, 호수가 마르고 붉은 땅이 드러나면서 화성은 평균 기온 −27℃의 척박한 땅이 됐다.

바닷물의 87%는 우주로 증발했지만, 아직도 화성 지각 아래에는 다량의 물이 있을 것으로 예측하고 있다. 앞으로 화성 대기 물 지도가 더 세밀히 작성되면 화성 지표 아래 얼마나 물이 남아 있는지 알 수 있을 것으로 전망된다.

최근 NASA는 40억 년 전 화성 모습을 애니메이션으로 재현해낸 1분 52초짜리의 '40억 년 전 화성' 영상을 공개해 전 세계 누리꾼들의 놀라움을 자아낸 바 있다. 공개된 영상은 화성의 과거부터 현재까지의 변화 과정을 담은 것이다. [유튜브 검색어 ▶ 40억 년 전 화성]

69   화성에 태양계에서 가장 큰 화산이 있다면서요?

A 높이 22,000m에 이르는 엄청난 화산이 있다. 올림푸스라는 이름의 이 화산은 태양계 최대의 화산으로, 지구 행성의 최고봉 에베레스트 (8,848m)도 이에 비하면 난쟁이에 지나지 않는다.

1971년 매리너 9호, 1976년 잇달아 화성 표면에 착륙한 바이킹 1, 2호의 탐사선들이 보내온 화성 지형 사진 중 단연 눈길을 끈 것은 거대한 올림푸스 산이었다.

순상화산(방패모양 화산)에 속하는 올

▶ 태양계에서 가장 높은 화성의 올림푸스산.
(NASA/MOLA Science Team)

림푸스는 화성의 적도에 가까운 타르시스 고원에 있는데, 전체 바닥 너비가 서울 – 제주 간 직선거리(464km)보다 긴 540km나 된다. 산 전체의 평균 경사도는 5~6도 정도. 산의 덩어리가 한반도 크기와 맞먹는 이 산은 행성 위에서는 그 형체를 가늠할 수 없을 정도이며, 궤도상에서 봐야만 올림푸스 산의 전체 모습을 제대로 볼 수 있다. 올림푸스의 칼데라는

▶ '화성의 흉터'라고 불리는 매리네리스 협곡.
(NASA)

길이 85km, 너비 60km이고, 그 깊이는 3km나 된다.

화성의 화산활동은 약 10억 년 전에 끝난 것으로 보인다. 따라서 화성의 수많은 화산들은 모두 사화산들인 셈이다. 화성 북반구의 지표는 이들 화산에서 내뿜은 분출물로 뒤덮여 있다. 흔히 화성 표면 사진에서 보이는 무수한 돌들은 화산이 뿜어낸 용암이 식은 조각들이다.

올림푸스산 외에도 화성 지형의 특징을 보여주는 것으로, 극지방에 물과 이산화탄소가 얼어서 된 얼음과 드라이아이스가 겹쳐져 쌓인 극관이 있다. 이 극관은 계절에 따라 신축을 보이는데, 겨울에는 지름이 500km까지 커지고, 여름에는 아주 작아져서 망원경으로도 잘 안 보일 정도다. 그래도 극관의 얼음이 다 녹으면 화성 표면을 수심 10m로 뒤덮을 거라는 계산서가 나와 있다.

또한 '화성의 흉터'라고 불리는 매리네리스 협곡이 있는데, 길이 4,000km, 폭 100km, 깊이는 7km에 이르는 대협곡이다. 길이 445km, 깊이 1.5km의 그랜드 캐니언은 이에 비하면 앞도랑 정도밖엔 안된다.

먼 곳에 있는 친구들 소식

가스형 행성

— 목성 · 토성 · 천왕성
해왕성

나는 달에 갈 테니
당신은 목성에 가시오.

｜케플러 • 갈릴레오에게 보낸 편지에서｜

A 요즘 잘 쓰는 말로 태양계에서 가장 핫한 데가 바로 목성 위성 유로파다. 유로파는 표면이 얼음으로 덮여 있고 그 아래에 액체 상태 물로 이뤄진 '바다'가 있어 태양계에서 생명체가 존재할 개연성이 가장 큰 곳으로 꼽히기 때문이다.

목성의 4대 위성 중 가장 작은 유로파는 1610년 갈릴레오가 발견했으며, 이름은 그리스 신화에서 제우스가 사랑한 여신의 이름에서 따왔다. 4대 위성 중 목성에서 두 번째로 가까워서 67만km 떨어져 있고, 주기는 3.6일, 지름은 달보다 조금 작은 3,120km, 밀도는 3.0이다.

유로파에 바다가 있을 가능성이 최초로 제기된 것은 2005년 갈릴레오 사진 분석팀에 의해서였다. 그들은 목성 탐사선 갈릴레오와 보이저의 사진을 근거로 유로파의 지하 바다 존재를 주장했다.

보다 결정적인 바다의 증거는 2012년에 발견되었다. NASA가 허블 우주망원경으로 유로파 남반구에서 160km 높이로 치솟는 물기둥을 포착했던 것이다. 태양계에서 물기둥 흔적이 포착된 것은 토성 위성인 엔셀라두스에 이어 유로파가 두 번째이다. 2016년에도 유로파에서 200km 높이의 물기둥이 치솟는 것이 포착되었다.

이러한 현상은 유로파가 목성에서 멀리 떨어져 있을 때 생겼으며, 목성에 가까이 다가갔을 때는 발생하지 않았다. 이런 점으로 미뤄볼 때 과학자들은 유로파와 목성 사이의 거리에 따라 유로파의 표면에 덮인 얼음이 갈라지면서 일어나는 현상으로 보고 있다.

이는 지구와 달이 서로에게 힘을 미쳐 '밀물-썰물' 현상이 생기듯이, 목성과 힘을 주고받는 유로파 표면의 특정 지역에서 얼음에 틈이 생겨 그 바

▶ 간헐천이 치솟는 유로파의 바다 상상도. 바다 속에 생명체가 서식할 가능성이 높다. (NASA)

로 밑 '바다'에 있는 물이 뿜어져나온다는 해석이다.

이로써 유로파는 생명체 존재 가능성이 높게 거론되는 후보지 중 하나로 꼽히게 되어 우주생물학자들이 가장 방문하고 싶은 천체 중의 하나로 등극했다. 유로파 바다는 지구보다 2~3배 많은 물을 보유하고 있는 것으로 추정되고 있다.

유로파의 바다에 생명체가 있다면 그것은 미생물 세포의 형태일 거라고 NASA 과학자들은 믿고 있다. 그러나 유로파 바다의 환경은 지구 남극 빙하 밑에 있는 보스토크 호수와 비슷할 정도로 생명체가 살기에는 극단적으로 엄혹하고 척박할 것으로 과학자들은 보고 있다.

NASA는 유로파에 착륙 로버를 내려보내고, 지각 아래 있는 바다로 탐사 드론을 투입해 생명체를 찾을 계획을 세우고 있다.

NASA에서는 유로파 바다에서 생명체를 찾기 위해 탐사 로버를 빠르면 2031년 4월에 유로파에 착륙시킬 계획으로 있다. 현재 NASA는 2022년 초로 예정되어 있는 탐사선의 유로파 근접비행을 기획하고 있는 중이다.

유로파 탐사의 역사는 1973년과 1974년에 각각 파이어니어 10호와 파이어니어 11호가 목성을 지나쳐가면서 시작된 데 이어, 두 개의 보이저 탐사선이 목성계를 통과하면서 유로파의 얼음 표면을 보여주는 사진을 보내왔다. 이 사진은 많은 과학자들이 얼음 아래에 바다가 존재할지도 모른다고 추측하기 시작하는 계기가 되었다.

1995년에 갈릴레오 탐사선은 목성 주위를 도는 8년간의 임무를 시작해 2003년에 마치기까지 갈릴레이 위성들의 상세한 사진을 보내왔으며, 뉴호 라이즌스 탐사선은 명왕성으로 가는 도중 목성을 지나치며 유로파의 사진을 보내왔다.

목성을 가장 최근에 탐사한 탐사선은 2016년 7월 5일에 목성에 도달한 주노이다. 2011년 8월 6일 발사된 주노는 5년간 28억km를 비행한 끝에 목성 궤도에 안착하는 데 성공했다. 1년 8개월간 목성 주위를 37바퀴 돌면서 갈릴레오보다 목성에 더 근접 탐사한 주노는 2021년 미션을 끝내고 목성 대기 속으로 뛰어들어 최후를 맞을 예정이다.

71 목성은 대체 얼마나 큰가요?

A 어마무시하게 크다. 태양계 8개 행성 중 목성을 뺀 7개 행성을 다 뭉쳐봐야 목성의 1/2 질량밖에 안된다.

목성의 지름은 지구의 11배인 143,000km이고, 질량은 318배, 부피는 1,400배가 넘는다. 그야말로 태양계 행성반의 반장이라 할 수 있다. 과학자들은 목성을 실패한 별이라고 생각한다. 목성이 지금보다 더 컸더라면 내부에서 핵반응이 일어나 제2의 태양이 되었을지도 모른다는 것이다. 그러면 우리는 영화 〈스타워즈〉 속의 타투인 행성처럼 두 개의 태양이 뜨는 세상에서 살게 되었을 것이다.

별 속에서 태양과 같은 핵융합 반응이 일어나려면 태양 질량의 8% 이상은 돼야 한다고 이론적으로 나와 있다. 그래야 지속적인 핵반응이 일어나 항성이 될 수 있는 것이다. 목성의 질량은 한계질량에 한참 못 미치는 태양

▶ 목성 궤도를 도는 NASA의 주노 탐사선. 2016년 7월 5일 목성에 도달한 주노는 극궤도로 돌면서 목성 탐사 미션을 수행하고 있다.

질량의 0.1%다.

덩치는 크지만 목성의 평균 밀도는 1.3으로 물보다 조금 더 무거울 정도다. 목성을 이루고 있는 물질이 태양과 마찬가지로 거의 수소와 헬륨이기 때문이다. 가스 행성인 목성은 따로 표면이라 할 만한 게 없다.

목성의 가장 깊숙한 내부에는 얼음이나 암석으로 이루어진 핵이 존재하고, 그 위로 액체 금속 수소가 있을 것으로 추정된다.

목성은 지구에서 봤을 때 겉보기등급이 −2.94에 이르기 때문에 밤하늘에서 달과 금성 다음, 즉 세 번째로 가장 밝은 천체에 해당한다. 목성이 지구 밤하늘에 나타나면 조금만 관심있는 사람이라면 쉽게 찾아볼 수 있다.

목성의 이름 주피터Jupiter는 로마 신화의 최고 신으로, 그리스 신화의 제우스에 해당한다. 유달리 밝고 큰 행성으로 메소포타미아에서 신 마르두크Marduk(태양의 아들)의 이름을 얻은 이후 세계 각지의 신의 이름으로 불리었다.

그리스 신화에서 많은 아내를 둔 제우스처럼 많은 위성들을 거느리고 있는 목성은 1610년에 갈릴레오가 발견한 가장 큰 네 개의 갈릴레이 위성을 포함하여, 적어도 69개(2017년 기준)의 위성을 가지고 있다. 이들 중 가장 큰 가니메데의 지름은 약 5,270km로, 행성인 수성보다도 크다. 실제로 이오, 칼리스토, 유로파 등 여러 위성의 이름이 신화에서 제우스 아내의 이름이다.

이처럼 수많은 위성들을 거느리고 있는 목성계는 태양계의 복제판이라 할 수 있다. 실제로 갈릴레오는 목성의 4대 위성을 발견함으로써 이를 지동설의 강력한 물증으로 삼아 천동설을 잠재웠던 것이다. 천문학사에서 목성이 기여한 큰 업적이다.

목성은 태양으로부터 약 5.2AU(7억 8천만km) 떨어져 거의 원에 가까운 궤도로 공전 하고 있으며, 공전주기는 약 11년 10개월, 자전주기는 약 10시간이다.

72 대적점이란 무엇인가요?

A 한마디로 목성의 폭풍이다. 목성 대기에서 가장 유명한 소용돌이 현상으로, 타원 꼴을 하고 있으며, 그 크기는 지구가 몇 개 퐁당 들어갈 규모다. 태양계에서 가장 큰 이 폭풍의 눈은 옅은 노란색과 오렌지색, 흰색의 층으로 둘러싸여 있다.

목성의 표면(구름의 상단 부분) 온도는 약 −148℃ 정도 된다. 목성은 태양에서 받는 열보다 더 많은 열을 방출하는데, 이는 목성 내부에 열원이 있음을 말해준다. 그 열원은 행성이 형성될 때 행성 위에 붕괴되는 가스에서 방출되는 중력 에너지라 알려져 있다. 이 내부로부터 나오는 에너지가 목성의 거대한 폭풍을 불러일으키는 주된 동력이다. 8억km 멀리 떨어진 태양에서 오는 희미한 빛은 미약한 보조 동력에 지나지 않는다.

목성의 대기 역시 본체처럼 주로 수소, 헬륨으로 이루어져 있으며, 약간의 암모니아와 메탄이 존재한다. 그리고 작은 망원경으로 관측하더라도 목성 표면에 줄무늬가 보인다. 검은 줄무늬를 '띠(belt)', 그리고 밝은 줄무늬

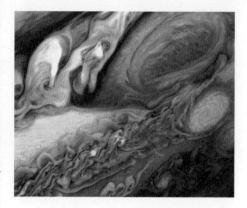

▶ 보이저 1호가 보내온 목성 대적점의 채색 영상. 대적점 바로 아래의 하얀 폭풍이 지구의 직경과 비슷하다. (NASA)

를 '대帶(zone)'라고 부른다. '대'가 밝게 보이는 것은 암모니아 구름이 태양빛을 반사하기 때문이다. 반면, '띠'는 하강기류에 의해 구름이 희박하기 때문이다.

목성에 이 같은 줄무늬가 나타나는 것은 목성의 빠른 자전운동과 깊은 관계가 있다. 목성은 그 엄청난 덩치에도 불구하고 태양계에서 가장 빠르게 자전하는 행성이다. 그로 인해 적도 지방이 불룩한 배불뚝이가 되었다. 그 육중한 몸뚱이는 46억 년 전 원시 태양계에서 막 태어나던 시절의 추억을 간직하고 있다. 지구와는 달리, 어떤 소행성이 와서 들이받더라도 목성을 파괴하거나 속도를 늦출 수 없다.

목성은 대부분 기체로 이루어져 있으며, 이에 따라 태양처럼 차등자전을 한다. 즉, 적도에서 가장 빠르고 극지방으로 갈수록 느리게 자전한다. 자전축은 3도가량 기울어져 있으며, 적도 부근에서는 9시간 50분, 고위도에서는 9시간 55분 주기로 자전한다.

이러한 자전에 맞물려, 목성에서는 적도 부근에 초속 100m의 서풍이 불고, 중위도로 갈수록 서풍과 동풍이 부는 지대가 교대로 나타나는 특징이 있다. 우리가 망원경으로 볼 때 목성 표면에 보이는 여러 개의 다갈색 줄무늬는 목성의 대기현상에 다름아닌 셈이다.

대적점 또는 대적반(Great Red Spot)으로 불리는 이 소용돌이는 겉에서 보기에는 조용하지만 그 안은 매우 역동적이다. 대적점 내의 풍속은 무려 초속 100m에 달한다. 남반부에 있는 이 대적점은 반대방향으로 움직이고 있는 두 개의 대기 띠 사이에 위치하고 있으며, 대적점 주위의 대기는 반시계 방향으로 순환한다.

대적점이 붉은 이유는 상층부 대기가 햇빛에 의해 분해된 단순 화학물질에 의한 것으로 전문가들은 보고 있다. 바람이 암모니아 얼음 알갱이들을 대기권 상층부로 밀어올리면 알갱이들은 태양의 자외선에 더욱 많이 노출된다. 더욱이 대적점의 소용돌이가 얼음 알갱이들의 탈출을 막음으로써 대적점의 구름 상층부는 비정상적으로 진한 붉은 색조를 띠게 되는 것이다.

지구의 2배 크기에 달하는 태양계에서 가장 강력한 폭풍인 이 대적점은 고기압성 소용돌이로, 1664년 영국의 로버트 후크에 의해 발견되었는데, 그 후 350년 이상 사라지는 일 없이 지금까지 존재하고 있다. 이미 수만 년 전부터 존재했을 것이라고 천문학자들은 추측한다. 이 거대 폭풍이 현재까지 사라지지 않고 유지되는 원인은 천문학계의 오랜 미스터리였다.

보이저 탐사선의 조사 결과에 따르면 이 대적점은 다른 지점보다 온도가 낮고 색깔은 일정하지 않게 계속 바뀐다. 대적반 속 대기는 매시간 400km 속도로 빠르게 반시계 방향으로 회전하며, 위치는 목성의 자전에 의해 시속 13km의 속도로 동쪽에서 서쪽으로 이동 중이다.

가장 최근 허블이 관측한 바로는 길쭉한 쪽의 크기가 16,500km였다. 이것은 1979년 보이저 1, 2호가 목성을 지나갈 때 측정한 23,200km에 비하면 크게 줄어든 것이다. 역사적으로는 1800년대 천체망원경으로 측정한 장축의 길이는 40,800km였다. 이러한 수치들은 오랫동안 존재해왔던 대적반이 점차 빠르게 줄어들고 있음을 말해준다. 목성의 명소인 대적반을 관측하고 싶은 별지기들은 좀 서둘러야 할 듯싶다. [유튜브 검색어 ▶ A Journey to Jupiter]

A 목성에도 가늘고 희미하지만 몇 개의 고리가 있다. 목성의 고리는 더 먼 천왕성의 고리 발견보다도 늦게 이루어졌다. 천왕성 고리가 발견된 지 2년 만인 1979년 3월, 목성 옆을 지나간 보이저 2호에 의해 목성의 고리가 발견되었던 것이다. 이 발견에 놀라지 않은 천문학자들은 거의 없다. 전혀 예상치 못한 일이었기 때문이다.

비교적 가까운 목성의 고리가 이렇게 늦게 발견된 것은 목성의 고리 역시 밀도가 아주 낮고 가는데다 목성 자체가 너무 밝아서 고리 존재를 찾아내기 어려웠기 때문이다. 적외선 관측을 통해 분석한 결과, 고리의 구성 물질은 작은 암석과 티끌로 밝혀졌다.

목성의 고리 구조는 크게 세 부분으로 되어 있는데, 가장 안쪽의 뿌연 헤일로Halo 고리, 중간의 주 고리(Main Ring), 그리고 가장 바깥의 얇고 희미한 고사머 고리(Gossamer Rings)로 나눌 수 있다. 이 고리들은 목성 지표면에서 약 22만km 떨어진 곳까지 분포하며, 위성에 운석이 충돌할 때 발생하는 먼지로 계속 채워지고 있다.

큰 고리는 목성의 위성인 아드라스테아와 메티스에서 방출된 물질로 이루어진 것으로 보이며, 바깥 두 개의 희미한 티끌 고리는 위성인 테베와 아말테아에서 방출된 물질로 형성되었을 거라고 과학자들은 보고 있다.

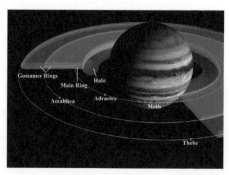

▶ 목성의 고리는 세 부분으로 이루어져 있다. (wiki)

갈릴레이 위성이란 어떤 건가요?

A 갈릴레오 갈릴레이(1564~1642)가 1610년 최초로 발견한 목성의 4대 위성을 가리키는 말이다.

망원경으로 목성을 관측하면, 목성의 양쪽 또는 한쪽으로 조그만 빛점이 있는 것을 볼 수 있다. 어떤 때는 목성의 줄무늬와 나란히 양쪽에 2개씩 빛나는 광경을 보면 탄성이 절로 나온다. 이것이 바로 갈릴레오가 자신이 만든 굴절망원경을 통해 처음으로 발견한 것이다.

꾸준한 관측을 통해 갈릴레오는 네 개의 천체들이 목성의 위성이라는 결론을 내렸고, 이 네 개의 위성들이 훗날 갈릴레이 위성으로 불리게 되었다. 이 위성들은 곧이어 독일의 천문학자이며 안드로메다 성운(은하)을 발견한 시몬 마리우스(1573~1625)에 의해 각각의 이름들(이오, 유로파, 가니메데, 칼리스토)이 붙여지게 된다. 그는 비슷한 시기에 목성의 4대 위성을 발견했다.

갈릴레이 위성의 발견은 지구 외의 천체에서 그 둘레를 도는 위성을 발견한 것으로는 최초의 기록으로, 태양 중심설의 모델을 하늘에서 찾아낸 셈이었다. 갈릴레오는 이 발견을 지동설의 결정적인 물증으로 삼아 천동설을 잠재울 수 있었다.

목성의 위성들은 이 4대 위성 외에도 계속 발견되어, 2017년 기준으로 모두 69개의 위성 대가족을 거느리고 있다. 태양계 행성 중 가장 많다. 4대 위성을 간단히 소개하면 다음과 같다.

이오 지름 3,640km. 갈릴레이 위성 중에 목성에 가장 가까운 위성으로, 유로파, 가니메데와 1:2:4의 공전주기를 가지고 있어, 가니메데와 유로파는 이오가 목성을 공전할 때마다 같은 위치에서 힘을 가하게 된다. 목성에 가까워서 큰 조석력을 받는데다가, 주기적으로 가니메데와 유로파에 의해 힘

▶ 갈릴레이 위성인 이오, 유로파, 가니메데, 칼리스토(왼쪽에서 오른쪽으로 목성과의 거리 순으로 나열).

을 받음에 따라 내부에 마찰이 생기고 열이 발생하게 된다. 탐사선으로 관측한 결과, 이오에서는 지구의 화산과는 다른 형태지만, 용암이 흐르고 활동하는 화산을 볼 수 있다. 또한 이오는 아주 옅은 대기를 가지고 있다. 말하자면 이오는 살아 있는 천체인 것이다.

유로파 갈릴레오 위성 중 지름이 가장 작은 약 3,120km이며, 질량은 달의 0.65배 정도다. 유로파는 산이나 계곡이 없는 가장 매끈한 위성으로, 운석 구덩이도 거의 없고, 철이 주성분인 핵과 규산염 맨틀, 그리고 얇은 지각으로 구성되어 있다. 얇은 지각 밑에는 액체 상태의 바다가 있을 것으로 추정되고 있다. 2012년 NASA의 허블 우주망원경으로 유로파 남반구에서 160km 높이로 치솟는 물기둥이 포착됨으로써 생명체가 존재할 가능성이 높은 천체 중 하나가 되었다.

가니메데 지름 약 5,260km로 태양계에서 가장 큰 위성으로 알려진 가니메데는 갈릴레오 위성 중 목성으로부터 세 번째로 멀리 떨어져 있다. 가니메데의 내부는 부분적으로 용융 상태에 있는 철이 주성분인 핵이 존재하고, 규산염의 하부 맨틀, 얼음으로 이루어진 상부 맨틀, 그리고 얼음 지각으로 구성되어 있다. 표면은 융기한 부분과 파인 부분이 많이 있으며, 이것으로 과거 지질활동이 있었다는 것을 추정할 수 있다.

'광속'을 가르쳐준 목성 위성 '이오'

어린 시절부터 우리는 빛이 눈 깜박할 새에 지구 일곱
바퀴 반을 돈다는 얘기를 들어왔다. 지구 둘레가 4만km
이니, 빛은 초당 30만km를 달린다는 뜻이다. 오늘날 이
렇게 어린애도 알고 있는 광속이지만, 인류가 광속을 비
슷하게나마 알았던 것은 17세기에 들어서였다. 그전에
는 뉴턴까지도 광속은 무한대라는 생각을 했었다.

▶ 이오의 움직임으로 최초로
광속을 발견한 올레 뢰머.

최초로 빛의 속도를 재려고 했던 사람은 지동설로 유
명한 갈릴레오였다. 그는 제자와 함께 1607년 피렌체
언덕에서 램프와 담요를 가지고 광속 측정에 도전했
다. 두 사람이 1.5km 떨어진 곳에서 담요로 가린 램프
를 들고 있다가 한 사람이 담요를 벗기면 다른 사람이
그 불빛을 보는 즉시로 담요를 벗기게 했다. 그래서 계산해본 결과, 빛의 속도는 잡
히지 않았다. 실패 원인은 빛의 속도에 비해 거리가 너무 짧았다는 점이다.

빛의 속도를 최초로 계산한 사람은 덴마크의 천문학자 올레 뢰머(1644~1710)였
다. 1676년, 카시니의 제자로 파리 천문대에서 근무하던 뢰머는 목성의 제1위성 이
오의 식(飾)을 관측하던 중 이오가 목성에 가려졌다가 예상보다 22분이나 늦게 나
타나는 것을 발견했다. 그 순간, 그의 이름을 불멸의 존재로 만든 한 생각이 번개같
이 스쳐지나갔다. "이것은 빛의 속도 때문이다!" 이오가 불규칙한 속도로 운동한다
고 볼 수는 없었다. 그것은 분명 지구에서 목성이 더 멀리 떨어져 있을 때 그 거리
만큼 빛이 달려와야 하기 때문에 생긴 시간차라 생각했다.

뢰머는 빛이 지구 궤도의 지름을 통과하는 데 22분이 걸린다는 결론을 내렸으며,
지구 궤도 반지름은 이미 카시니에 의해 1억 4천만km로 밝혀져 있는 만큼 빛의 속
도를 계산하는 데는 어려울 게 없었다.

그가 계산해낸 빛의 속도는 초속 214,300km였다. 오늘날 측정치인 299,800km에
비해 28%의 오차를 보이지만, 당시로 보면 놀라운 정확도였다. 무엇보다 빛의 속
도가 무한하다는 기존의 주장에 반해 유한하다는 사실을 최초로 증명한 것이 커
다란 과학적 성과였다. 이는 물리학에서 가장 중요한 기초를 놓은 쾌거였다.

1676년 광속 이론을 논문으로 발표한 뢰머는 하루아침에 과학계의 스타로 떠올랐다.
제자의 업적에 심통이 난 카시니가 이오의 공전 속도가 불규칙해서 그런 거라면서
딴지를 걸었지만, 과학계의 거물인 뉴턴이나 하위헌스가 모두 뢰머의 손을 들어주었
다. 이로써 카시니의 주장은 묵살되었고, 뢰머의 이름은 과학사에서 불멸이 되었다.

칼리스토 갈릴레이 위성들 중 목성에서 가장 멀리 떨어져 있는 칼리스토는 지름이 약 4,800km이며, 질량은 달의 1.5배 정도 된다. 특이한 점은 내부구조가 단순히 얼음과 암석으로 되어 있고, 지각은 얼음을 위주로 구성되어 있다. 따라서 밀도는 갈릴레이 위성들 중 가장 낮은 1.8이다. 표면에는 충돌 흔적이 있는데, 이는 충격에 의해 얼음이 녹아 여러 겹의 고리들이 생겼다가, 금방 낮은 온도로 인해 굳어버려 생긴 것이다.

75 목성에도 오로라가 있나요?

A 오로라는 목성의 양극 지방에서도 발생한다. 몇 년 전 허블 우주망원경이 잡은 목성 북극의 오로라는 장엄하고 아름다운 자태를 뽐냈다. 오로라는 행성을 둘러싼 우주의 대전입자가 행성의 자기마당을 따라 가속되면서 높은 에너지로 들뜬 상태가 되어 행성의 자기극점 근처의 대기와 충돌하게 되면 형광조명 가스처럼 빛을 내게 된다.

지구에서는 강력한 태양풍에 의해 대전 입자들이 상층 대기에 비처럼 떨어질 때 가스가 이온화되면서 붉은색과 초록색, 보라색으로 빛나는 오로라를 만들어낸다. 이처럼 지구에서 대부분의 오로라들이 강력한 태양풍에 의해 생성되지만, 목성의 경우 오로라가 생성되는 데는 또 다른 원인이 있다.

목성의 자기마당 크기는 지름이 목성 지름의 약 210배, 태양보다는 약 22배 더 크다. 이는 지구에서 관측했을 때 달이나 태양의 4배 되는 크기이다. 자기마당과 대기가 있는 행성에서는 오로라가 발생한다.

지구 자기마당의 원인은 철과 니켈로 이루어진 용융상태의 핵으로 알려져 있지만, 목성의 강력한 자기마당은 내부의 액체 금속수소가 그 역할을 하고 있는 것으로 추정된다. 이러한 자기마당은 액상 금속성 수소핵 속 물질들의 소용돌이 운동으로 인한 맴돌이 전류에 의해 발생하는 것으로 여겨진다. 지구의 자기마당보다 14배나 강력한 목성 자기마당은 목성 주위를 돌고 있는 대전입자들을 끌어들인다.

▶ 목성의 오로라. 목성 북극의 오로라를 허블 우주망원경이 잡았다. (NASA/ESA/Hubble)

여기에는 태양풍으로부터 유입된 대전입자들뿐만 아니라 여러 화산들을 거느리고 있는 목성의 달 이오, 유로파, 가니메데로부터 우주공간으로 내쳐진 입자도 포함된다. 이들 위성은 목성과 자기력선으로 연결되어 있다. 이러한 입자들이 목성의 강력한 자기마당에 이끌려 가속되면서 높은 에너지로 들뜬 상태가 되어 행성의 자기극점 근처의 대기와 충돌하게 되면 오로라가 발생하는 것이다.

목성의 오로라를 처음 촬영한 것은 보이저 1호였고, 그후 허블 우주망원경으로도 촬영되었다. 목성의 오로라는 크기에서도 압도적일 뿐만 아니라, 에너지 역시 지구 오로라의 수백 배에 달한다. 그리고 지구와는 달리 목성 오로라 활동은 결코 멈추지 않는다. [유튜브 검색어 ▶ Auroras in Jupiter]

76 목성을 최초로 방문한 탐사선은 무엇인가요?

A 최초로 목성을 방문한 탐사선은 NASA의 파이어니어 10호였다. 1973년 12월 파이어니어 10호는 처음으로 소행성대를 탐사하고 목성에 13만km까지 근접 통과하면서 사진을 전송했다. 그리고 10년 만인 1983년 6월 13일 태양계의 가장 바깥 행성인 해왕성의 궤도를 통과했다. 따라서 어떤 의미에선 파이어니어 10호가 태양계를 벗어난 첫 우주선이라할 수도 있다.

태양계를 벗어난 보이저 1호가 먼저 만나게 될 천체는 혜성들의 고향 오르트 구름*이다. 태양계 최외각이다. 하지만 300년 후의 일이다. 오르트 구름을 벗어나는 데만도 3만 년은 걸릴 것이다.

파이어니어 10호는 11호나 보이저와는 정반대의 방향, 곧 태양계의 진행 방향과는 역방향으로 항진하고 있다. 하지만 파이어니어 10호는 2003년 1월 23일 마지막으로 희미한 신호를 보내온 후 교신이 끊어졌다. 지구에서 100AU나 떨어진 깜깜한 우주공간에서 영원히 우주의 미아가 되어버린 것이다. 1972년 3월 지구를 떠난 지 꼭 31년 만이다.

시속 4만 5천km의 맹렬한 속도로 우주공간을 주파하고 있는 파이어니어 10호는 2019년 현재 지구로부터 약 122AU 거리에 있으며, 4만 년쯤 후에는 안드로메다자리 붉은 별 로스Ross 248을 스쳐 지나고, 또 200만 년 후에는 지구로부터 65광년 떨어진 황소자리 1등성 알데바란 옆에 다다를 것이다. 겨울철 남쪽 하늘 오리온자리 옆구리에서 밝게 반짝이는 별이다(겨울 밤

---

* 장주기 혜성의 기원으로 알려져 있으며 태양계를 껍질처럼 둘러싸고 있다고 생각되는 가상적인 천체집단. 일반적으로 태양에서 약 1만AU, 혹은 태양의 중력이 다른 항성이나 은하계의 중력과 같아지는 약 10만AU 안에 둥근 껍질처럼 펼쳐져 있다고 추측된다.

하늘에서 알데바란을 볼 때 집중하기 바란다. 지구 – 알데바란 간 우주공간을 날고 있는 보이저 1호가 잘하면 혹 눈에 띌지도 모르니까^^).

▶ 파이어니어 10호가 목성에서 플라이바이하는 모습을 그린 상상도. (NASA)

파이어니어 10호의 쌍둥이 탐사선 파이어니어 11호는 1974년 12월에는 목성에 34,000km까지 근접비행하면서 500여 장의 목성과 위성들의 사진을 전송하는 한편, 목성의 자기마당에 대한 정보와 태양풍에 관한 정보를 수집했다.

목성 탐사를 끝낸 파이어니어 11호는 목성 중력을 이용한 스윙바이를 실시해 토성으로 향했으며, 1979년 9월 1일에 토성에 21,000km까지 접근해 E고리, F고리 및 G고리를 발견했다. 토성 탐사를 끝낸 파이어니어 11호는 또 다른 미션인 심우주 공간 탐사를 위해 우주 속으로 뛰어들었다.

탐사선은 전력의 저하 때문에 1995년 말에 태양으로부터 45AU 지점에서 운용이 정지되었다. 그때의 속도는 대략 2.5AU/년이었다. 그 속도를 유지하고 있다면 2019년 현재 태양에서 약 105AU 지점에 가 있을 것이다.

파이어니어 10호와 파이어니어 11호에는 인류가 외계의 지성체에게 보내는 메시지가 담긴 금속판이 함께 실려 있다.

파이어니어에 실어보낸 '지구인의 메시지'

1972년과 1973년에 지구를 떠난 우주 탐사선 파이어니어 10, 11호에는 외계 지성체에 보내는 '지구인의 메시지'가 실려 있다. 파이어니어 금속판(Pioneer plaque)에 그림으로 새겨진 이 인류의 메시지는 외계 지능 찾기(Active SETI)를 시도한 최초 사례라 할 수 있다.

이 금속판은 재질이 금도금 처리된 알루미늄 합금이며, 폭 22.9cm, 높이 15.2cm, 두께 0.127cm로, 탐사선의 안테나 지주에서 우주의 미소 물질에 의한 침식으로부터 보호받는 위치에 부착되어 있다. NASA는 이 금속판과 탐사기가 지구나 태양보다 길게 살아남을 것을 기대하고 있다. 하지만, 우주라는 바다로 띄워보낸 일종의 '병속 편지'라 할 수 있는 이 메시지가 외계의 지적 생명에 의해 발견될 가능성은 매우 낮다. 탐사선이 30AU의 거리를 날아 어느 항성 가까이 접근하는 데 걸리는 시간이 우주의 나이보다 길 것이기 때문이다.

▶ 탐사선의 안테나 지주에 부착된 금속판. 우주의 미소 물질에 의한 침식으로부터 보호받는 위치에 부착되어 있다. (wiki)

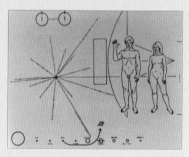

▶ 파이어니어 금속판에 새겨진 그림. 천문학자 칼 세이건의 전부인 린다 잘츠만이 그렸다. (wiki)

최초의 금속판은 1972년 3월 2일에 파이어니어 10호와 함께 발사되었으며, 2번째 금속판은 1973년 4월 5일에 파이어니어 11호에 실려 우주로 떠났다. 2기의 탐사선은 1980년대에 태양계를 탈출함으로써 태양계를 탈출한 최초의 인공 물체가 되었다.

금속판의 왼쪽 위에는 우주에 가장 흔한 수소 원자의 초미세 천이 개념도가 그려져 있다. 이 기호 아래의 짧은 세로선은 이진법을 나타내는 1이다. 이 그림은 수소 원자의 궤도 전자의 스핀이 상승(평행선)에서 하강(반대로 평행)으로 변하면서 방출되는 전자파(21cm선)의 파장(21cm)과 진동수(1420MHz)를 각각 길이와 시간 단위로 쓸 수 있고, 나머지 그림에서도 이 둘이 단위로 사용된다는 것을 보여준다.

금속판의 오른쪽에는 탐사선 그림의 앞에 남성과 여성의 나신이 그려져 있다. 여자의 머리끝과 발끝 옆에 있는 2개의 수평선 사이에는 이진법 8이 적혀 있다. 이것은 수소 21cm선 파장을 단위로 이 여성의 키가 8×21cm=168cm라는 것을 말한다. 남자는 우호의 표시로 오른손을 들고 있다. 남녀 모습의 배경으로 파이어니어 탐사선의 외형이 그려진 것은 탐사선의 실물크기를 바탕으로 인간의 크기를 추측하라는 뜻이다.

금속판의 왼쪽에 그려져 있는 방사상의 그림은 한 점을 중심으로 한 15개의 선으로 되어 있다. 각각의 선 길이는 태양에서 각 펄서까지 상대 거리를 말해준다. 14개의 선에 적힌 긴 이진법의 숫자는 21cm 전환의 진동수(역수)를 단위로 한 펄서의 주기를 나타낸다. 펄스 주기는 시간과 함께 변하므로, 이러한 펄서 중 몇 개를 관측할 수 있으면, 삼각측량으로 태양의 위치와 탐사선이 발사된 시대를 계산할 수 있다.

금속판에 14개 펄서의 위치가 그려져 있는 것은, 이 방사상의 선의 원점을 구할 수 있기 때문이다. 이 그림의 15번째 직선은 금속판 우측 방향으로 인간의 그림 뒤에까지 뻗어 있다. 이 선은 태양에서 우리 은하 중심부까지의 상대 거리와 방향을 표시한다.

금속판의 아래쪽에는 태양계의 개념도가 그려져 있다. 여기에는 탐사선의 작은 그림도 그려져 있고, 이것이 목성을 통해 태양계를 탈출하는 궤도가 나타나고 있다. 우리의 태양계를 분류하기 위한 힌트로서 토성의 고리도 그려져 있다. 각 행성(명왕성 포함 9개)의 상하에 쓰여 있는 이진수는 각각의 행성과 태양 사이의 상대 거리를 나타낸다. 거리 단위에는 수성의 궤도 반경 1/100이 이용되었다.

77 목성 궤도를 공전한 우주선이 있나요?

A 지금까지 목성을 공전한 우주선은 갈릴레오 궤도 탐사선이 유일하다. 갈릴레오는 1995년 12월 7일부터 목성 궤도에 진입해 공전하기 시작했다.

목성을 방문한 탐사선들은 1973년 파이어니어 10, 11호를 시작으로, 1979년의 보이저 1, 2호가 잇달아 목성에 도착했다. 이때 보이저 1호의 카메라들은 지구에서는 발견할 수 없었던 목성의 얇은 고리 두 개를 발견했으며, 목성 위성 이오에 연기를 내뿜는 활화산을 처음으로 보여주었다.

이러한 탐사선들은 모두 목성에 머물지 않고 스쳐지났지만, 1989년 10월 18일 미국 케네디 우주센터에서 발사된 NASA의 갈릴레오만은 목성을 종점으로 삼아 장도에 오른 탐사선이다. 탐사선 이름을 갈릴레오라 한 것은 말할 것도 없이 목성 행성계를 최초로 발견한 갈릴레오를 기리기 위함이다.

보이저 1, 2호의 중량이 722kg이고 파이어니어 10, 11호의 중량이 259kg인 데 비해 궤도선과 탐사선으로 이루어진 갈릴레오의 전체 중량은 2,380kg으로 상당히 대형화된 탐사선이었다.

무려 15억 달러(한화 약 2조 원)를 쏟아부은 갈릴레오호는 궤도선과 탐사선으로 이루어져 있으며, 길이 9m, 지름 4.8m(안테나)로, 주임무는 목성의 대기 속으로 탐사선을 낙하시키는 한편, 목성의 선회궤도에 궤도선을 진입시켜 목성 대기의 조성과 구조, 온도 분포, 구름과 위성 표면의 특성, 이오의 화산활동과 목성 고리 조사 등이었다.

갈릴레오의 목성까지의 길은 꼬불꼬불한 곡선로였다. 목성까지 갈 '여비'를 마련하기 위해 금성과 지구의 중력도움을 받는 VEEGA(Venus, Earth, Earth Gravity Assist) 작전을 구사했던 것이다. 발사 4개월쯤 후 금성으로부터 2.2km/s, 다시 10개월 후 지구로부터 5.2km/s, 다시 2년 후 지구로부터 3.7km/s의 속도를 각각 훔쳐낸 결과, 세 차례에 걸쳐 훔쳐낸 속도증가분은 무려 11.1km/s나 됐다. 이처럼 우주여행에서는 곡선이 직선보다 짧다는 역설이 성립될 수 있다.

갈릴레오는 그래도 6년여에 걸친 긴 여행 끝에 1995년 12월 목성에 도착, 궤도에 진입해 1997년 10월까지 목성을 관측했다. 갈릴레오가 목성으로의 긴 여로 중에 과외의 소득을 하나 올린 게 있는데, 그것은 슈메이커-레비9 혜성이 총 21개의 조각들이 초속 60km라는 맹렬한 속도로 목성에 돌진, 차례대로 충돌하는 사건을 목격한 일이었다. 그 덕분에 우리는 지금도 그 장관을 사진으로 볼 수 있게 되었다.

갈릴레오는 1995년 7월 낙하산을 장착한 340kg의 티타늄제 대기 탐사선을 목성의 대기에 진입시켜 69분간 임무를 수행하게 했다. 탐사선은 대기 진입 후 초속 700m

▶ 1989년에 발사된 목성 탐사선 갈릴레오 호. (NASA)

로 150km를 낙하하면서 자료를 수집하다가 목성 대기의 높은 압력으로 파괴되었다.

7년 이상 목성을 공전하면서 갈릴레이 위성에 대해 여러 차례 근접비행을 수행한 갈릴레오는 여러 차례 고장을 일으켰지만 그때마다 지상 팀의 필사적인 수리 끝에 소생에 성공했다. 그래도 고성능 전파 수신 안테나가 전개되지 않는 바람에 탐사 능력에 제한을 받았지만, 갈릴레오가 수집한 목성계 정보는 광범위했다. 이 용감한 갈릴레오의 여행담 때문에 인류는 목성의 구름 상부에 강력한 방사능대가 존재하고, 대기의 헬륨 농도가 태양과 똑같으며, 화산활동에 의해 빠르게 변화하고 있는 위성 이오 표면이 다채로운 토핑을 얹은 피자처럼 보인다는 사실들을 알아냈다.

갈릴레오의 역대급 업적은 위성 유로파의 얼음 표층 아래에 물로 된 바다가 있을 거라는 증거를 발견했다는 것이다. 과학자들은 이 바다가 지구의 대서양과 태평양을 합친 것보다 더 클 거라고 믿고 있으며, 어쩌면 그속에 외계 생명체가 있을지도 모른다고 생각하고 있다.

갈릴레오호는 7년 동안 목성 궤도를 34번이나 돌면서 그 임무를 훌륭하게 수행한 끝에 2003년 9월 21일 최후를 맞았다. 오랜 여행으로 노후화된

▶ 목성을 향해 돌진하는 슈메이커-레비 혜성의 조각들. 총 21개의 조각들이 초속 60km라는 맹렬한 속도로 목성에 돌진, 차례대로 충돌하는 장면을 갈릴레오호가 찍어서 보냈다.

갈릴레오는 제어용 로켓 연료가 떨어짐에 따라 더이상 운행이 불가능하게 되었다. 그 상태대로 궤도를 떠돌게 놔둔다면 연료로 쓰던 플루토늄을 가진 채 유로파에 떨어져 그곳 바다를 방사능으로 오염시키고 혹시 있을지도 모를 생명체를 죽일지도 모른다고 판단한 NASA는 갈릴레오에게 목성과의 충돌을 명령했다.

갈릴레오는 관제소의 마지막 명령에 따라 고도 9천km에서 목성과의 충돌 침로로 방향을 틀었고, 마지막으로 우주와 목성 대기권 사이에 있는 외기권의 성분 분석을 보고한 후 목성의 구름 속으로 모습을 감추었다. 그리고 얼마 후 파괴되어 그 원자들을 목성의 바람 속으로 흩뿌렸다. 갈릴레오가 임종 전까지 수집해 지구로 전송한 자료로 수소가 목성의 대기의 90%까지 차지한다는 사실이 밝혀졌으며, 탐사선이 증발하기 전까지 기록된 온도는 300℃ 이상, 풍속은 초속 180m 이상으로 측정되었다.

14년 동안 지구-태양 거리의 30배에 이르는 총 45억km를 항행하면서 목성 탐사 임무를 완수한 갈릴레오의 최후는 어떤 면에서 오랜 연금생활 끝에 두 눈을 실명하고 임종한 갈릴레오 갈릴레이의 운명과도 닮은꼴이었다. NASA의 한 과학자가 마치 친구의 임종을 지켜보는 듯한 말투로 이렇게 읊조렸다.

"갈릴레오가 탐사선과 재결합했습니다. 이제 둘 모두 목성의 일부가 되었습니다."

현재 목성에는 2016년 7월 5일에 도착한 NASA의 주노 탐사선이 극궤도로 돌면서 목성을 상세하게 탐사하고 있는 중이며, 2022년 발사 예정인 유럽우주국(ESA)의 목성 얼음 위성 탐사선 주스(JUICE)와, 2025년 유로파 지하 바다 탐사를 위한 NASA의 유로파 클리퍼 임무가 차례를 기다리고 있다.

78 목성이 지구의 보디가드라면서요?

A 태양계의 '큰형님'인 목성이 지구에 보디가드 노릇을 톡톡히 해주고 있다는 건 사실이다.

태양계의 5번째 궤도를 돌고 있는 목성은 태양계에서 가장 거대한 행성으로, 태양계 8개 행성을 모두 합쳐 놓은 질량의 2/3 이상을 차지한다. 또한 지름이 약 14만 3,000km로 지구의 약 11배에 이른다. 탁구공과 수박만큼이나 차이가 난다.

그런데 이 목성이 지구의 보디가드라는 사실을 모르는 사람들이 적지 않다. 시도 때도 없이 태양계 내부로 날아드는 소행성, 혜성 등등을 1차로 목성이 막아주고, 2차로 달이 또 막아준다. 이 둘이 없었더라면 지구는 소행성 포격으로 오래 전에 거덜이 났을지도 모른다.

인류는 약 30년 전에 목성이 실제로 지구를 지켜준 장면을 목격했는데, 그것은 슈메이커-레비9 혜성이 목성에 충돌한 사건이었다. 때마침 목성 탐사선 갈릴레오가 목성으로 가던 중 이 장면을 목격하게 되어 지구 행성인들에게 쏘아주었다. 덕분에 우리는 혜성 조각들이 목성에 충돌하는 생생한 장면을 볼 수 있었다.

슈메이커 – 레비 혜성은 일반 혜성들처럼 태양의 주위를 도는 것이 아니라 놀랍게도 목성의 주위를 대략 2년의 주기로 공전하고 있다는 사실이 밝혀졌는데, 이 혜성이 목성의 조석력으로 산산조각이 나면서 드디어 1994년 7월 14일 총 21개의 조각들이 초속 60km라는 맹렬한 속도로 목성에 돌진, 차례대로 충돌하기 시작했고, 그 충돌은 22일까지 계속되었다. 충돌 후 불기둥은 목성 상공 3,000km까지 솟아올랐으며, 그 흔적은 구경 5cm짜리 아마추어 천체망원경으로도 보일 정도였다.

가장 큰 조각이 들이받은 자국은 지구만큼이나 컸다. 계산에 의하면, 이런 혜성의 대형 충돌은 1,000년에 한 번 꼴로 일어나는 것으로 알려져 있다. 그러니까 이 슈메이커 – 레비의 충돌은 망원경이 발명된 후 처음으로 관측된 천체 충돌 사건인 셈이다.

이처럼 목성은 강력한 중력으로 태양 주변으로 길게 연장된 경로를 지나가는 혜성이나 소행성들을 끌어당겨 자기 궤도 안으로 들어오게 만들어 흡수하는 것이다. 지구 바깥 궤도를 도는 거대한 목성이 없었다면 우리 지구는 애시당초에 끝장이 났을지도 모른다.

외부 태양계에서 지구를 향해 날아오는 많은 혜성과 소행성들이 목성과 달이라는 방패에 먼저 들이받음으로써 지구

▶ 카시니호가 잡은 토성의 고리. 토성 표면에서 약 7만~14만km까지 분포하고 있다. 2013년 10월 10일 카시니가 토성 북극 상공에서 찍었다. (NASA/JPL – Caltech/SSI/Cornell)

가 비교적 안전을 누리는 셈이다.

우주는 그리 안전한 곳이 아니다. 이 같은 폭력사태가 도처에 끊이지 않고 일어난다. 만약 슈메이커-레비 혜성의 작은 한 조각이라도 지구에 충돌했다면 지구 생물의 70%는 멸종을 면치 못했을 거라고 한다. 그러므로 우리는 밤하늘에서 목성과 달을 본다면 감사의 마음으로 경의를 표하지 않으면 안된다.

토성의 고리는 무엇으로 이루어져 있나요?

A 토성 고리는 99.9%가 순수한 물로 된 얼음 조각들로 구성되어 있고, 나머지는 암석 성분의 불순물들이 약간 섞여 있다.

태양계에서 가장 멋쟁이가 토성이라는 데 토를 달 사람은 없을 것이다. 토성만큼 아름다운 고리를 두르고 있는 천체는 없기 때문이다.

토성 고리를 최초로 발견한 사람은 갈릴레오로, 1610년 자작 망원경으로 토성의 고리를 관측했지만, 망원경 성능이 좋지 못해 고리인 줄 모르고 '토성의 양쪽에 귀가 붙어 있다'고 표현했다. 약 50년 뒤 네덜란드의 천문학자 하위헌스가 토성의 '양쪽 귀'는 고리임을 밝혀냈고, 1675년 이탈리아 출신의 프랑스 천문학자 카시니는 토성의 고리가 하나가 아니라 여러 개로 이루어져 있음을 알아냈다. 또한 그는 고리 사이의 거대한 간격을 찾아냈는데, 이것이 바로 카시니 틈이다. 이 틈은 A고리와 B고리 사이에 있는 폭 4,800km의 영역이다.

그로부터 약 2세기 후인 1859년, 영국의 제임스 맥스웰은 고리가 고체로 되어 있지 않으며, 모두 독립적으로 토성을 공전하는 작은 입자들로

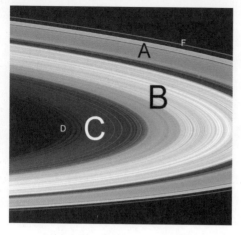

▶ 토성 고리의 구조. (wiki)

구성되어 있어야 그런 형태를 유지할 수 있다는 사실을 증명하는 데 성공했다.

우주선으로 관측한 결과, 토성의 적도면에 자리잡고 있는 고리는 주로 1cm~10m 크기의 입자들로 구성되어 있고, 수많은 얇은 고리들이 레코드판처럼 곱게 나열되어 있으며, 토성 표면에서 약 7만~14만km까지 분포하고 있음이 밝혀졌다.

이 거대하고 아름다운 토성 고리는 수많은 천문학자, 별지기들을 배출했다. 밤하늘에서 토성의 모습을 한번 본 사람은 팽이 같기도 하고 솥단지 같기도 한 물체가 하늘에 떠 있는 것에 놀라고, 그 충격으로 천문학 길에 들어선 이들이 적지 않기 때문이다. 그래서 토성이 가장 많은 천문학자를 배출한 대학이라는 우스갯말까지 있다.

80 토성 고리는 어떻게 생겨났나요?

A 확립된 정설은 없지만, 잔재설과 충돌설이 있다. 잔재설은 성운에서 토성이 생성되고, 토성이 태어난 뒤 남은 성운 물질이 고리를 이루어 토성을 공전한다는 설이다. 이 설의 장단점은 토성 고리의 희박한 밀도

와 거대한 고리계 등 여러 가지를 설명할 수 있으나, 고리계가 어떻게 45억 년 이상 유지될 수 있었는지 설명하기는 어렵다는 점이다.

충돌설은 토성의 강한 중력을 못 이겨 산산조각이 난 위성이나 유성체, 혜성의 잔해물이라 주장한다. 즉, 이들 천체들이 토성에 가까이 접근하면 토성의 조석력潮汐力*에 의해 부서지게 되고, 이후 잔해들이 남아 서로 부대 끼다가 더욱 잘게 부서져 고리를 형성한다는 것이다. 또 나중에 거대한 혜성이나 소행성과 충돌하여 위성이 분해된 것일 수도 있다고 주장한다. 충돌설을 주장하는 과학자들은 토성을 공전하다가 기조력에 의해 파괴된 위성의 이름을 베리타스(로마 신화의 여신)라고 짓기도 했다.

고리는 발견된 순서대로 알파벳순으로 이름 붙여져 A, B, C, D, E, F, G의 7가지로 분류된다. 주요 고리는 행성에서 바깥쪽으로 C, B, A 순으로, 가장 큰 카시니 틈은 B고리와 A고리 사이에 있다. 몇몇 희미한 고리들은 그보다 더 최근에 발견되었다. D고리는 매우 희미하고 행성과 가장 가깝다. 좁은 F 고리는 A고리의 바깥에 있다. 그밖에 아주 희미한 G고리와 E고리가 있다. 이중 지구에서 똑똑히 관찰되는 것은 A고리와 B고리뿐이다.

토성 중력의 춤이라고 할 수 있는 토성의 고리계는 별과 은하의 탄생에 관한 이야기를 들려주는 것이기도 하다. 46억 년 전 원시 태양계도 저런 고리 모양의 회전원반에서 태어났으며, 지금도 어린 별의 주위에서 발견되는 원시행성 원반 역시 토성 고리 형태와 흡사하다. 이처럼 토성 고리는 오랜 태양계의 과거를 자신의 온몸으로 보여주고 있는 존재인 것이다.

---

* 중력의 2차적인 효과 중 하나로, 한 물체가 다른 물체에 의해 받는 중력의 차이를 말한다. 중력을 받는 물체의 각 부분에 힘의 차이가 발생하고, 이것이 그 물체의 응집력보다 커지면 물체가 부서지게 된다. 혜성이나 위성이 큰 천체에 접근하면 조석력이 커져 결국 붕괴되는데, 그 한계선을 로슈 한계라 한다. 밀물-썰물도 조석력 때문에 발생한다. 기조력(起潮力)이라고도 한다.

토성 고리는 얼마나 크며, 두께는 어느 정도인가요?

A 주요 고리의 두께는 5~30m 범위 안에 있으며, 고리의 폭은 가장 넓은 B고리가 25,500km, C고리가 17,500km, A고리가 14,600km 등이다. 지구 지름이 대략 13,000km인 점을 생각하면 어마어마한 폭의 고리임을 알 수 있다.

고리의 크기는 대략 너비 7만km에 이르는 고리의 가장 큰 지름은 28만km로, 지구-달 사이 거리인 38만km의 3/4이나 되는 거대한 규모다.

1980년과 1981년에 이루어진 보이저 1, 2호의 토성 근접비행으로 토성 고리를 자세히 관측해본 결과, 토성 고리가 수천 개의 작은 고리로 이루어졌음이 밝혀졌다. 그중에는 폭이 몇 km밖에 되지 않는 얇은 고리도 있었다. 지름 수십만km의 고리 두께가 고작 100m에 지나지 않는다는 것은 얇은 포장지가 거대한 축구장 크기로 펼쳐져 있는 것이나 같다. 중력이 부리는 묘기라 할 수 있다. 토성 고리는 태양계에서 가장 얇은 천체다.

밀도가 높은 주요 고리는 토성의 적도 위로 7,000km에서 80,000km까지 뻗어 있다(토성의 적도 반지름은 60,300km). 고리의 성분은 99.9%가 순수한 물로 된 얼음 알갱이들이며, 나머지 부분은 규산염과 같은 암석 성분

▶ 토성 고리의 변화. 토성은 지구처럼 자전축이 기울어져 있어 지구에서 볼 때 시간에 따라 고리의 모양이 변한다. 허블 우주망원경이 1996년(왼쪽)부터 2000년까지 고리의 변화 모습을 추적한 것이다. (NASA/ STScI/AURA/Hubble Heritage Team)

행성의 고리들을 몰아가는 '양치기 위성'

토성의 고리들은 어떻게 그토록 완전한 형태를 유지하며 오랫동안 질서정연하게 토성 둘레를 돌 수 있는 걸까? 이 오래된 미스터리는 카시니 탐사선에 의해 마침내 풀렸다. 탐사선 카메라가 양치기 위성 (shepherd satellites)의 존재를 잡아냈기 때문이다.

고리는 작은 먼지 입자로 이루어져 있는데, 이러한 먼지들이 흩어지지 않고 모여 있는 이유 중의 하나는 소위 양치기 위성이라고 불리는 작은 천체들이 자체의 중력으로 먼지 입자의 위치와 에너지를 조절해 행성의 고리에 틈을 잡아주기 때문이다. 즉, 양치기 위성은 고리와 함께 회전하면서 고리의 입자들이 부드럽게 회전

▶ 토성의 F고리에서 양치기 위성 역할인 프로메테우스. (wiki)

할 수 있도록 해주고 고리 구조를 안정적으로 유지되도록 한다. 컴퓨터 시뮬레이션과 이론적 계산에 따르면, 이들은 이런 상태를 약 1억 년 이상 유지할 수 있음이 밝혀졌다.

토성의 고리의 아름다운 구조는 여러 개의 양치기 위성들에 의해서 유지된다. 토성 고리계의 가장 바깥쪽에 있는 F고리는 매우 가늘다. 토성의 F고리에는 판도라와 프로메테우스라는 위성이 인력을 작용해서 고리의 폭을 좁게 유지시킨다. 이것은 양치기 위성인 판도라가 F고리를 이루는 입자들이 흩어지지 않게 모아주기 때문이다.

천왕성 여덟 번째 위성, 코델리아는 오필리아와 함께 천왕성의 11개 고리 중 가장 바깥쪽에 있는 입실론 고리를 고정시켜주는 '양치기 위성'이자 천왕성 가장 안쪽에 있는 첫 번째 위성이다.

의 불순물들이 약간 섞여 있다. 주요 고리는 주로 1cm~10m 크기의 입자들로 구성되어 있다.

최신 관측에 의하면, 고리의 총질량은 약 10^{20}kg일 것으로 추정되는데,

▶ 토성 고리 사이로 보이는 지구. 2013년 카시니호가 지구로부터 14억 5천만km 떨어진 곳에서 찍었다. (NASA/JPL – Caltech/Space Science Institute)

이는 지구 바닷물의 1/10 정도의 양이다.

토성의 고리는 지구에서 볼 때 공전에 따라 고리 면이 향하는 방향이 바뀌므로 달리 보인다. 갈릴레오가 토성의 귀로 착각한 것도 그 때문이다. 토성의 자전축이 26.7도 기울어 있어 한 번 공전하는 동안 우리에게 고리의 북측, 남측이 보일 때와, 고리가 수평으로 일직선이 될 때가 반복되어 나타난다. 고리 면이 토성 적도와 나란할 때는 큰 망원경으로도 거의 보이지 않는다. 토성의 주기가 약 30년이므로 이런 경우는 15년에 한 번씩 나타난다.

82 **토성이 물에 뜬다고요?**

A 만약 토성보다 큰 욕조가 있어 토성을 던져넣는다면 고무 오리처럼 둥둥 뜰 것이다. 토성의 밀도가 물보다 작은 0.7밖에 안되기 때문이다. 토성의 밀도는 태양계 행성들 중 가장 낮다. 토성이 이처럼 가벼운 것은 거의 수소와 헬륨으로 이루어져 있기 때문이다.

목성처럼 가스형 행성인 토성의 자전 속도는 10시간 40분으로 빠른 편이며, 표면은 고체가 아니다. 이러한 요소들이 결합하여 토성 역시 적도 반지름이 극 반지름보다 10% 더 큰 6만km로, 배불뚝이 겉모양을 하고 있다.

다른 가스 행성들도 배가 불거진 건 마찬가지지만, 토성이 가장 심한 복부 비만이다. 작은 망원경으로 보아도 짜부라진 모습을 금방 확인할 수 있다.

토성의 내부는 중심에 암석과 철로 이루어진 반지름 15,000km 정도의 핵이 있는데, 이것이 토성 질량의 약 20%를 차지한다. 그 위에 높은 압력으로 인한 금속수소층이 1만km 두께로 쌓여 있고, 그 위로 나머지 35,000km는 분자상 수소와 헬륨으로 이루어진 층이 덮고 있다. 우리가 보고 있는 토성의 표면은 이런 수소와 헬륨에 약간의 메탄과 암모니아가 섞인 구름으로, 목성과 같이 줄무늬를 이루고 있다.

이러한 내부구조와 물질 조성이 목성과 비슷한데도 토성 밀도가 목성의 1.3에 비해 크게 낮은 것은 작은 질량으로 인해 압력 역시 강하지 못해 목성보다 느슨하게 뭉쳐졌기 때문이다.

참고로, 토성의 질량은 지구의 95배 정도이고, 목성의 질량은 지구의 318배에 이르지만, 반지름은 토성보다 20% 더 큰 정도다.

83 토성의 위성에도 바다가 있나요?

A 토성의 최대 위성인 타이탄에 바다가 있다는 직접적인 증거가 나온 것은 2014년 토성 탐사선 카시니가 찍은 한 장의 사진에서였다. 타이탄의 북쪽 한 부분이 태양빛을 받아 눈부시게 반사하는 이미지가 잡혀 있었다.

이 믿을 수 없는 이미지는 타이탄의 바다가 햇빛을 반사하는 광경이었다. 다른 세계의 바다가 태양 광선을 받아 반짝이는 풍경을 인류가 본 것은 이것이 최초였다. 이 거울과 같은 반사점은 타이탄의 가장 큰 바다인 크라

▶ 토성과 타이탄을 탐사하는 카시니 상상도. 토성 고리와 토성 몸체 사이의 공간으로 22회 선회하는 '그랜드 피날레' 미션을 마친 후 2017년 9월 토성 대기로 뛰어들어 산화할 예정이다. (NASA/ESA)

켄 마레의 남쪽이라고 NASA는 발표했다. 이 바다는 열도로 나누어진 타이탄 바다의 북쪽 부분이다.

타이탄을 최초로 발견한 사람은 1655년 네덜란드 천문학자 크리스티안 하위헌스였다. 당시 타이탄은 토성의 위성들 중 첫번째로 발견된 존재이자 태양계의 위성 중 갈릴레이 위성 다음으로 발견된 첫 천체이기도 하다. 이름은 그리스 신화의 타이탄 신족에서 따왔다. 타이탄 신족은 가이아와 우라노스 사이의 12남매를 가리킨다.

타이탄은 60개가 넘는 토성의 위성 중 가장 큰 천체로, 태양계 내에서는 목성의 가니메데에 이어 두 번째로 크다. 지름이 약 5,150km로 달의 약 1.5 배이며, 질량은 1.8배나 된다. 타이탄의 최대 특징은 두터운 질소 대기를 가졌다는 점이며, 지표 부근의 기압이 지구의 1.5배나 된다. 또한 대기 구성이 원시지구와 비슷하여 과학자들의 관심을 모으고 있다.

토성 탐사선 한 부분인 하위헌스 보조 탐사선이 타이탄 표면에 착륙한 것은 2005년 1월이었다. 타이탄 지표로부터 고도 1,270km에서 하강하기 시작한 하위헌스는 대기의 마찰과 낙하산 등의 도움으로 감속하면서 고도 160km부터 대기의 관측과 지표의 촬영 등을 하기 시작했다. 지표 사진에는 산과 계곡, 하천 같은 지형이 담겨 있었는데, 액체 메탄이 흘러 생긴 지형으로 보인다. 하위헌스는 착륙 후에도 1시간 이상 데이터를 카시니를 경유해 지구로 전송했다.

카시니는 타이탄 바다의 반사광을 찍은 후 곧이어 이 바다 표면에 물결이 일고 있는 것으로 보이는 데이터를 보내왔다. 그러나 그 물결은 지구 바다와 같이 물이 만들어낸 것이 아니라, 메탄이 대부분을 차지하는 액체 탄화수소 파도다.

이것은 지구의 물보다 점성이 높아 거의 타르와 비슷하다. 따라서 지구의 바다처럼 크게 파도치지는 않는다. 그러나 어떤 파도이건 간에 바람에 의해 만들어진다는 점은 지구 바다와 다를 바가 없다.

카시니가 보내온 다른 데이터는 타이탄 바다의 깊이를 알려주었다. 타이탄 최대의 바다인 크라켄 마레는 160m의 깊이로 나왔으며, 리게이아 마레는 200m의 깊이를 가진 것으로 나타났다.

타이탄의 구름은 액체 메탄 방울로 이루어져 있으며, 세찬 빗줄기로 호수를 채운다. 유기물질이 풍부한 두꺼운 대기층을 갖고 있는 타이탄은 생명체가 나타나서 산소를 대기중에 뿜어내기 전인 수십억 년 전의 지구와 흡사한 환경을 갖고 있다. 이 때문에 타이탄은 예전부터 미생물 혹은 적어도 복잡한 유기 화합물 형태의 생명체가 태동할 환경이 형성되어 있을 것으로 믿어져왔다.

카시니가 수집한 자료를 분석한 결과, 수소가 타이탄의 대기에서 하강해 지표면에서 사라지는 모습이 포착됐는데, 이는 원시 생명체가 타이탄의 대기를 호흡하고 표면의 물질을 섭취한 결과일 수 있다는 것이다. 타이탄에 흐르는 액체는 물이 아닌 메탄이므로 이곳 생명체는 메탄을 기반으로 살아갈 것으로 추정된다. 질소가 대기의 주성분을 이루고 유기화합물이 존재하는 타이탄은 오래 전부터 과학자들 사이에서 생명체 서식 후보지로 높은 관심을 끌어오고 있다.

카시니 – 하위헌스는 카시니 궤도선과 하위헌스 탐사선 두 부분으로 되어 있었는데, 이중 하위헌스 탐사선은 2004년 12월 모선에서 분리돼 2005년 1월 타이탄의 표면에 착륙한 후 배터리가 고갈될 때까지 한 시간 이상 데이터를 송출했다. 카시니 탐사선은 2017년 9월 임무가 끝난 후 토성에 추락함으로써 20여 년의 긴 여정을 마무리지었다.

84 토성 위성 엔셀라두스에서 물기둥이 솟구치는 원인은 뭔가요?

A 엔셀라두스의 물기둥, 곧 간헐천의 분출 원인은 엔셀라두스 지하 바다에 작용하는 토성의 조석력에 의해 내부에 열이 생긴 때문으로, 엔셀라두스가 토성에 가까울 때 간헐천의 양이 적고 반대로 멀어질 때 내뿜는 간헐천의 양이 많아진다는 것이 그 증거다.

엔셀라두스는 60여 개에 이르는 토성의 위성 중 하나로 지름 500km 정도에 불과한 아주 작은 위성으로, 남극의 얼음 표층으로부터 30~40km 아래 깊이 약 10km의 바다가 있다는 사실이 2005년 카시니 탐사선의 관측으로 밝혀졌다. 간헐천이 분출하는 곳은 엔셀라두스의 남극에 있는 표층의 호랑이 무늬 지역이다. 남극 지역 표면에 나 있는 약 135km에 달하는 각 호랑이 줄무늬는 얼음 아래 숨겨진 바다의 통풍구 역할을 하는 것으로 보인다.

간헐천은 뜨거운 물과 수증기가 주기적으로 분출하는 온천을 의미하는 것으로, 2010년에는 카시니가 엔셀라두스의 간헐천에서 내뿜는 얼음 입자와 수증기를 처음으로 촬영하는 데 성공하기도 했다.

남극 근처의 활화산에선 수증기와 나트륨 화합물, 얼음 결정을 포함한 고체 물질을 우주공간으로 내뿜는 간헐천도 발견되었다. 이 간헐천에서는

초당 200kg의 물질이 분사
되고 있었으며, 비슷한 부
류의 간헐천이 100개가 넘
는 것으로 확인되었다. 그
중에서 몇몇의 수증기들은
일종의 '눈' 상태로 우주공
간으로 뿜어져나와 토성의

▶ 토성의 달 엔셀라두스에서 치솟는 간헐천 물기둥. 2009
년 카시니 탐사선이 잡았다. (Space Science Institute)

E고리에 얼음 결정을 공급하고 있음이 확인되었다.

얼음 행성들은 거의 그 내부에 바다를 가지고 있을 것으로 추정되며, 엔셀
라두스의 경우, 토성과의 강력한 중력 상호작용으로 인해 바다는 액체 상태
에서 미생물들을 포함하고 있을 것으로 보여지고 있다. 이런 이유로 엔셀라
두스는 우주 생물학자들이 가장 가고 싶어하는 천체의 하나로 꼽히고 있다.

85 **토성에 있다는 육각형 구름은 어떻게 해서 생기는 건가요?**

A 우주에서 일어나는 가장 아름다운 미스터리라는 평가를 받은 토성
의 육각형 구름은 토성의 극 소용돌이임이 밝혀졌다.

1980년대 보이저 1호에 의해 토성의 북극(위도 77도)에서 발견된 육각형
으로 회전하는 이 구름은 육각형 제트류라는 이름을 얻었지만 그 형성 원
인은 미스터리에 싸여 있었다. 토성의 공전주기로 인해 더이상 관찰이 불
가능하다가 약 30년 뒤 토성 탐사선 카시니에 의해 다시 촬영되었다.

과학자들은 토성 탐사선 카시니가 전송한 사진 등을 통해 육각형 구름이
상층 기류대 영향으로 약 2만km 상공에 형성된 소용돌이라는 것을 밝혀냈

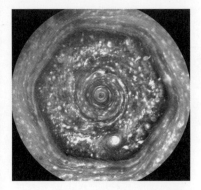

▶ 토성의 육각형 구름. 2012년 카시니 탐사선이 토성 북극 상공 약 140만km에서 촬영했다 (NASA/JPL–Caltech/SSI/Hampton University).

다. NASA가 붓으로 수채화를 그린 것 같다고 묘사한 이 극 소용돌이(polar vortex)는 지구의 허리케인과 유사하지만, 크기는 비교가 불가할 정도로 상상을 초월한다. 지름이 무려 3만km로 지구 지름(12,700km)의 2배가 넘는다.

소용돌이 중심에는 극저기압 소용돌이가 시속 530km 속도로 맴돈다. 허리케인 최대 풍속의 2배다. 더욱 놀라운 사실은 지구의 허리케인이 1주일 남짓이면 끝나는 것과 달리 토성의 소용돌이는 보이저가 처음 관측한 이래 지금까지 지속되고 있다는 점이다. 또한 육각형 중심에 위치해 있는 점은 태풍의 눈과 비슷한 소용돌이의 눈(Eye)이다.

최근 NASA는 육각형 소용돌이에 특이한 점이 발견됐다고 밝혔다. 카시니가 탐사 초기 찍은 사진과 최근 사진을 비교한 결과 소용돌이가 푸른색에서 금색으로 변한 것을 확인했다. 과학자들은 이 변화가 토성 북극을 비추는 태양빛이 증가했기 때문으로 분석했다. 태양빛이 증가하면서 금빛을 발산하는 광화학 연무층이 늘어난 것이다.

86 천왕성은 누가 발견했나요?

A 영국의 아마추어 천문가 윌리엄 허셜이 1781년에 발견했다. 1781년 3월 13일, 무명의 한 별지기가 제7의 행성 천왕성을 발견해 세상을

발칵 뒤집어놓았다. 그도 그럴 것이, 토성 바깥으로 행성이 더 있으리라고 는 상상조차 하지 못했던 당시 이것은 놀랄 만한 대발견으로, 코페르니쿠 스의 지동설에 버금가는 충격파를 사회에 던졌다. 이 발견으로 하룻밤 새 에 태양계의 크기가 갑자기 2배로 확장되었다.

천왕성의 발견으로 아마추어 천문가임에도 천문학사에 불멸의 이름을 남긴 주인공은 전직 오르간 연주자로 윌리엄 허셜이라는 무명의 아마추어 천문가였다. 그는 천왕성 발견 하나로 문자 그대로 팔자를 고쳤다. 하루아 침에 유명인사가 되었을 뿐 아니라, 왕립협회 회원으로 가입하고, 영국왕 조지 3세의 부름으로 궁정에서 왕을 알현하고 연봉 200파운드의 왕실 천 문관에 임명되었다. 천문학상의 발견으로 이처럼 신분의 수직상승을 이룬 예는 전무후무한 일이었다.

1738년 독일 하노버의 음악가 집안에서 태어난 허셜은 아버지를 따라 하노버의 군악대에서 근무하다가 30년 전쟁이 일어나자 영국으로 건너갔 다. 그후 음악가가 되어 24개의 교향곡, 7개의 바이올린 협주곡 등 수백 곡 을 작곡하며 탄탄한 경력을 쌓아가다가 30대 중반 이후에는 천문학에 매 진했다. 그는 천왕성 발견 외에도 그 위성인 티타니아와 오베론, 토성의 두 위성인 미마스와 엔셀라두스를 발견하는 등, 수많은 업적들을 남겼다. 또 한 우주가 별의 집단인 은하들이 수없이 모여 이루어진다는 은하 이론을 정립했으며, 적외선을 발견한 외에도 당시 최고의 망원경 제작자로서 활동 하는 등 다양한 분야에서 업적을 남겼다.

참고로, 천왕성은 밝기는 6등급, 적도 지름은 지구의 약 4배인 51,000km, 위성 수는 27개, 자전 주기는 약 18시간, 공전 주기는 84년이다. 허셜도 딱 천왕성 1주기만큼 살고 삶을 마감했다. 향년 84세.

A 아직 확립된 정설은 없지만, 유력한 몇 가지 가설은 있다. 첫째, 태양계 초기, 천왕성과 그 위성들이 막 태어난 직후 지구만한 원시 천체가 충돌하는 바람에 자전축이 크게 기울어졌다는 설. 둘째, 원시 태양계에서 잇따른 소규모 충돌들이 천왕성의 자전축을 쓰러뜨렸을 거란 설. 셋째, 토성과 해왕성의 연속적인 근접 접촉으로 인해 자전축이 끌어당겨졌을 거란 설 등이다.

세 가설의 공통점은 자전축 쓰러짐이 행성 초기에 발생했을 거란 점이다. 천왕성과 마찬가지로 옆으로 누워 있는 위성들이 현재의 적도 주위에 깔끔하게 정렬돼 있다는 것이 그 증거다.

그렇다면 천왕성은 얼마나 기울어졌을까? 약 98도에 이른다. 수평으로 눕다 못해 8도나 더 처져버렸다는 얘기다. 이 자전축의 기울기를 적도경사각이라 하는데, 공전 궤도면에 수직인 직선과 자전축이 이루는 각도를 가리킨다. 만약 어떤 행성의 적도경사각이 0도라면 그 행성은 궤도면에 대해 수직으로 서 있으며, 공전과 같은 방향으로 자전한다는 뜻이다. 적도경사각이 180도라면 거꾸로 선 상태라는 뜻으로, 자전축이 궤도면에 수직이긴 하지만 자전 방향이 공전 방향과는 반대가 된다. 금성이 이런 경우다. 지구의 적도경사각은 약 23.5도다.

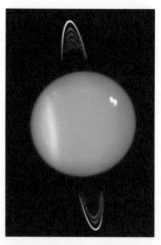

▶ 누워서 공전하는 천왕성. 고리와 함께 북반구의 밝은 구름이 보인다. 2005년 허블 망원경이 찍었다. (NASA/ESA)

그럼 천왕성의 자전축 기울기 98도는 어떤 경우일까? 거의 궤도면에 누운 채로 굴러가는 형편이라 할 수 있다. 지구에 계절이 있는 것은 자전축이 약간 기울어 있기 때문인데, 천왕성은 자전축이 완전히 옆으로 누운 상태인 만큼 극에 가까운 지역은 궤도를 한 바퀴 도는 동안 절반이 계속 태양을 향하고, 다른 절반은 태양을 볼 수 없다.

공전 주기가 84년이므로 42년 동안은 낮이 계속되고, 다음 42년 동안은 밤이 이어진다. 1986년 보이저 2호가 지나갈 즈음에는 천왕성의 남극 쪽은 거의 태양을 정면으로 받고 있었다.

88 천왕성과 해왕성, 목성에도 고리가 있다고요?

A 두 행성이 다 고리 구조를 갖고 있지만 토성 고리에 비해 엄청 빈약하여 20세기 후반에 들어서야 발견되었다.

천왕성의 고리는 1977년 3월, 천왕성이 다른 별의 빛을 가리는 엄폐(occultation) 현상을 통해 발견되었다. 천왕성의 물리적 특성을 알아보기 위해 성식星蝕(천왕성이 배경의 별을 가리는 현상)을 관측하던 중, 별빛이 천왕성에 가려지기 전에 몇 차례 깜빡거리며 밝기의 변화가 생겼고, 다시 나타날 때에도 같은 현상이 관측됨으로써 별빛을 가리는 것이 천왕성의 고리라는 것을 알아냈다. 이러한 관측방법으로 9개의 고리들이 발견되었다. 나머지 4개의 고리는 보이저 2호와 허블 우주망원경으로 찾아냈다.

천왕성 고리계의 특징은 고리 사이의 틈은 1,000km 이상 되는 데 비해, 고리의 폭은 대부분 10km 이하이고, 가장 폭이 큰 엡실론 고리도 20~100km밖에 되지 않는다. 또한 고리가 반사율이 매우 낮은 탄소질 운

▶ 토성 고리(위)와 천왕성 고리의 비교 개념도. 천왕성 쪽이 훨씬 빈약함을 알 수 있다.

석과 같이 어두운 물질로 이루어져 있어 지구에서 쉽게 발견되지 않았다.

천왕성 고리가 발견된 지 2년 만인 1979년 3월, 보이저 2호에 의해 이번에는 목성의 고리가 발견되었다. 비교적 가까운 목성의 고리가 이렇게 늦게 발견된 것은 목성의 고리 역시 아주 가는데다 목성 자체가 너무 밝아서 고리 존재를 찾아내기 어려웠기 때문이다.

이로써 목성, 토성, 천왕성에 다 고리가 있다는 사실이 밝혀졌으므로 자연 해왕성에도 고리가 있을 거라는 예측이 높아졌고, 마침내 성식을 이용한 관측으로 고리를 발견하기에 이르렀다. 해왕성의 고리 역시 아주 미약한 것으로, 자세한 구조를 알게 된 것은 보이저 2호의 관측에 의해서였다. 1989년 보이저 2호가 12년의 긴 여행 끝에 인류 역사상 최초로 해왕성 북극 상공 4,656km까지 접근, 해왕성 주위에서 5개의 고리를 발견했다. 이들 고리는 해왕성 발견자의 이름을 따라 각각 르베리에, 애덤스, 갈레 등으로 명명되었지만, 애덤스의 논문을 무시한 에어리의 이름은 제외되었다.

89 해왕성은 누가 발견했나요?

A 해왕성의 발견에는 흥미로운 사연들이 많이 얽혀 있어 영화로도 만들 만할 것이다. 해왕성은 먼저 망원경이 아니라 종이와 연필로 발

견한 행성이다. 천왕성이 미세한 이상 운동을 보이는 것을 독일 천문학자 베셀이 발견하고 1840년 논문에서 천왕성 밖의 행성을 예언했다. 이 예언에 따라 뉴턴 역학으로 열심히 계산한 끝에 해왕성의 위치를 알아내고 망원경으로 발견했기 때문이다. 그런데 그런 계산을 동시에 한 사람이 둘이었다.

그중 한 사람은 영국 케임브리지 대학의 존 카우치 애덤스라는 23살의 수학 전공 학생으로, 미지의 행성에 관한 질량과 궤도를 계산한 결과 2년 후인 1845년 10월, 드디어 양자리 근처에 행성이 있을 거라는 계산서를 뽑아 그리니치 천문대장 존 에어리에게 보냈으나, 어린 학생의 논문이란 이유로 철저히 무시당하고 말았다.

그 무렵, 바다 건너 프랑스의 천문학자 위르뱅 르베리에가 새로운 행성의 존재를 예상한 궤도 계산을 한 결과, 애덤스의 연구 결과와 겨우 1도 차이로 일치하는 값을 찾아냈고, 자신의 연구 자료를 베를린 대학 천문대의 요한 갈레에게 보냈다.

1846년 9월 23일, 르베리에의 편지를 받은 바로 그날 밤, 갈레가 지름 23cm의 망원경을 추정 위치로 돌려 미지의 행성을 찾는 데는 한 시간도 채 걸리지 않았다. 그는 구름 한 점 없는 하늘에서 8등급의 별을 발견했는데, 그것이 바로 해왕성이었다.

해왕성 발견을 놓고 영국과 프랑스는 설전에 들어갔다. 애덤스의 논문이 더 빨랐다는 것이 영국의 주장이었다. 에어리는 이 와중에도 애덤스를 깎아내리고 르베리에의 편에 섰다(천왕성 발견자 허셜의 누이 캐롤라인은 후에 에어리를 교수대로 보내고 싶어하는 사람이 적지 않을 거라고 말했다).

오랜 공방이 오간 끝에 결국 해왕성 발견의 최대 공적은 애덤스와 르베리에에게 함께 있는 걸로 정리되었다. 정작 당사자인 애덤스와 르베리에는 연회에서 처음 만나 인사를 나눈 후 금세 친구가 되고 죽을 때까지 우정을 나누었다고 한다. 르베리에와 애덤스는 해왕성 궤도를 계산하기 위해 만장이나 되는 종이를 썼다고 한다. 존재가 알려지지 않은 천체의 궤도를 하늘에서 찾아낸 계산의 위업이자 뉴턴 역학의 승리였다.

태양으로부터 45억km(30AU)나 멀리 떨어진 아득한 변두리를 165년을 주기로 하여 도는 해왕성 - . 태양계 마지막 행성인 해왕성의 발견은 뉴턴 역학의 가장 대표적인 성공사례로 꼽힌다.

태양계의 마지막 행성인 해왕성은 기체행성으로 지름이 지구의 4배인 약 5만km이며, 아름다운 쪽빛을 띠고 있다. 대기 중에 포함된 메탄이 붉은빛을 흡수하고 푸른빛을 산란시키기 때문이다. 2017년 현재 14개 위성을 가진 것으로 알려져 있는데, 그중 트리톤(지름 2,700km)이 가장 큰 위성이고 나머지는 모두 작은 위성들이다.

태양계의 가장 바깥 변두리를 165년을 주기로 공전하고 있는 해왕성은 지난 2011년 발견 1주기를 맞았다. 태양 둘레의 멀고 먼 길을 여행한 해왕성이 처음 발견된 그 위치로 다시 돌아왔지만, 1주기 전 자신의 발견을 두고 열나게 싸웠던 사람들의 얼굴은 지구상에서 하나도 보지 못했을 것이다.

90 천왕성과 해왕성은 왜 푸른가요?

A 둘 다 푸른빛을 띤 행성이기는 하지만, 색깔이 똑같지는 않다. 천왕성은 약간 탁한 청록색을 띠는 데 비해 해왕성은 선명한 담청색을 띤다. 두 행성의 대기에 포함되어 있는 메탄이 태양의 붉은빛~주황색 성분

▶ 보이저 2호가 잡은 천왕성과 해왕성. 해왕성의 대흑점이 보인다. 가스 행성들의 탐사 미션을 띤 보이저 2호가 1980년대 두 행성 옆을 지나면서 촬영했다. (NASA/JPL – Caltech)

을 흡수하기 때문에 푸른빛을 띠게 된 것이다.

천왕성은 지름이 지구의 약 4배, 질량은 지구의 약 15배이고, 해왕성은 지름이 지구의 약 3.9배, 질량은 약 17배이며, 밀도는 각각 1.3배, 1.6배인 가스 행성으로, 두 행성이 거의 쌍둥이라 할 만하다.

두 행성의 색깔이 약간 차이를 보이는 것은 대기 성분의 차이에서 온 것으로, 천왕성의 대기에는 수소가 약 83%, 헬륨이 15%, 메탄 2% 등이 포함되어 있으며, 반사율이 높은 암모니아와 황이 약간 섞여 있다.

이에 비해 해왕성의 대기는 80%가 수소, 19%가 헬륨이고, 약간의 메탄도 존재한다. 해왕성의 깔끔한 담청색과 천왕성의 탁한 청록색의 차이에는 해왕성의 대기 중에 존재하는 메탄에 더해 어떤 미지의 성분이 해왕성의 색깔을 만들어내는 것으로 과학자들은 보고 있다.

해왕성에 하나 특기할 점은 목성에 대적점이 있듯이 해왕성에는 대흑점 (The Great Dark Spot)이 있다는 사실이다. 1989년 NASA의 보이저 2호가 발견한 이 타원형 대적점은 지름 13,000×6,600km로, 거의 지구 크기에 맞먹는 해왕성의 고기압성 폭풍 구조다. 그러나 수백 년 동안 사라지지 않는 목성의 대적점과는 달리 5년 뒤인 1994년 11월에 허블 우주망원경이 해왕성을 관측했을 때 대흑점은 사라지고 없었다. 대신 대흑점과 비슷한 새 폭풍이 해왕성 북반구에서 발견되었다.

91 해왕성에 괴상한 위성들이 있다면서요?

A 해왕성에는 정말 이상한 위성이 2개 있다. 트리톤과 네레이드라는 위성이다.

트리톤은 해왕성이 발견되고 나서 17일 뒤인 1846년 10월 10일에 영국의 아마추어 천문가 윌리엄 러셀에 의해 발견되었다. 100년이 넘도록 이것이 해왕성의 유일한 위성인 줄 알았는데, 1949년 해왕성 부근에서 두 번째 위성인 네레이드가 발견되었다.

트리톤이란 이름은 신화에서 넵튠의 아들 이름에서 따온 것이다. 넵튠은 로마 신화에 나오는 바다의 신으로, 그리스 신화에서는 포세이돈에 해당하는 해왕성의 이름이기도 하다.

태양계 위성 중 7번째로 큰 트리톤은 지름이 2,700km로, 달(3,470km)보다는 약간 작지만 왜행성인 명왕성(2,370km)이나 에리스(2,330km)보다도 크다. 지금까지 발견된 14개의 해왕성 위성의 총질량 중 99.7%를 차지할 만큼 압도적인 크기를 자랑한다.

그러나 트리톤의 가장 큰 특징은 크기가 아니라 공전 방향이다. 모행성인 해왕성의 자전 방향과는 반대로 공전하고 있는 희한한 위성인 것이다. 이런 위성을 역행 위성이라 한다. 태양계의 여느 큰 위성들과 달리 역행 궤도를 따라 공전하는 것은 트리톤이 해왕성과 함께 생성된 것이 아니라, 나중에 해왕성의 중력에 포획된 천체라는 강력한 증거다. 트리톤이 여러 가지 면에서 명왕성에 흡사한 면이 많다는 점을 들어, 과학자들은 카이퍼 띠의 왜행성이었던 트리톤이 한 5억 년 전에 이탈되어서 해왕성에 잡혔을 것으로 보고 있다.

▶ 해왕성에 접근하는 트리톤과 동반 소행성 상상도. 트리톤의 역행 공전을 설명해주고 있다. (Craig Agnor)

지구-달 사이의 거리에 약간 못 미치는 비슷한 35만km 떨어진 궤도를 6일 만에 한 바퀴씩 돌고 있는 트리톤은 동주기 자전을 할 정도로 해왕성에 가까이 있는데, 조석 감속潮汐減速(Tidal deceleration)* 때문에 천천히 나선형을 그리며 가라앉고 있다. 3억 6천만 년 뒤쯤이면 로슈 한계에 다다른 트리톤은 결국 낱낱이 부서져 해왕성의 고리가 될 것으로 예측된다.

트리톤의 표면은 주로 얼어붙은 질소와 물의 얼음, 이산화탄소로 뒤덮여 있으며, 남극 근처 평원에서는 질소를 뿜어내는 간헐천이 발견되기도 했다. 과학자들은 어쩌면 트리톤의 지하에 액체 상태의 바다가 있을지도 모른다고 생각한다. 트리톤은 지금까지 온도가 측정된 태양계 천체 중 가장 차가운 천체 중 하나로, 측정값은 영하 235℃이다.

---

* 작은 천체의 공전주기가 큰 천체의 자전주기보다 빠르거나, 역행운동을 할 때 기조력의 영향으로 발생하는 감속현상을 말한다.

두 번째로 발견된 해왕성 위성 네레이드는 지름이 340km밖에 안되는 작은 위성이다. 그래서 제 몸 하나 둥글게 가꾸지 못해 감자처럼 울퉁불퉁하게 생겼다. 그런데 문제는 외형보다 떠돌아다니는 괴상한 궤도가 더욱 눈길을 끈다. 태양계의 위성들 중 궤도의 이심률이 가장 큰 천체인 것이다. 이심률이 무려 0.75에 달한다.

이심률이란 궤도가 원으로부터 얼마나 벗어나는가를 나타내는 수치로서, 행성이나 위성 같은 타원궤도에서는 0과 1 사이의 값을 취한다. 0이면 완전한 원궤도, 1에 가까울수록 길쭉한 타원궤도라는 뜻이다. 해왕성으로부터 네레이드의 궤도 최원점까지의 거리는 네레이드의 근점까지의 거리의 7배나 되며, 1회 공전하는 데는 약 360일이 걸린다.

네레이드는 어쩌다 이토록 찌그러진 궤도를 돌게 됐을까? 가장 흥미로운 가설 중 하나는 트리톤이 해왕성으로 끌려갈 때 분풀이로 그랬는지 네레이드를 심하게 한 대 때렸다는 것이다. 그럴 듯한 가설이지만, 그 옛날 5억 년 전에 일어난 사건을 본 사람이 없으니 증명은 영원히 불가능하다.

우리가 꿈꾸는 신비가 숨어 있다

소행성과
혜성

경이가 없는 삶은 살 가치가 없다.

아브라함 야수아의 해석 \ 유대인의 안식일

A 명왕성冥王星(Pluto)은 1930년 2월 18일 미국 애리조나주 로웰 천문대의 신참 직원인 클라이드 톰보(1906~1997)에 의해 발견되었다.

톰보의 명왕성 발견 이야기를 하기 전에 반드시 알아야 할 사항이 있는데, 그것은 퍼시벌 로웰(1855~1916)이라는 인물이다. 출중한 호기심과 자유로운 영혼의 소유자였던 로웰은 우리와도 인연이 닿아 있는 인물로, 하버드 대학을 졸업한 후 1883년 조선을 방문하고 〈고요한 아침의 나라 조선(Choson, the Land of the Morning Calm)〉이라는 제목의 책을 펴내기도 했다.

로웰은 30대에 천문학에 헌신하기로 결심하고 해왕성 바깥에 있는 제9의 행성을 찾는 것을 필생의 목표로 삼았다. 천왕성의 이상 운동을 근거로 해왕성을 발견하게 된 것이 60년 전의 일이었다. 해왕성 발견 후, 이 행성의 궤도에도 오차가 있는 것으로 밝혀져 해왕성 바깥쪽에 다른 행성이 존재할 거라는 믿음이 널리 퍼져 있었다.

로웰은 해왕성 너머로 궤도에 영향을 미치는 또 다른 행성이 있을 것으로 추정하고 이를 행성 X라 불렀다. 1894년 로웰은 애리조나주에 있는 해발 2,210m의 플래그스탭산에 로웰 천문대를 세우고 행성 X를 찾기 위한 프로젝트에 돌입했다. 그러나 로웰은 불행하게도 그의 꿈을 끝내 이루지 못한 채 1916년 61살의 나이로 우주로 떠났다.

로웰의 꿈은 14년 후 천문대의 신참인 고졸 출신 아마추어 천문가 클라이드 톰보에 의해 마침내 이루어졌다. 24살의 톰보는 당시 최신 기술이었던 천체사진을 이용하여 동일한 지역의 밤하늘 사진을 2주 간격으로 두 장을 촬영한 후, 그 이미지 사이에서 위치가 바뀐 천체를 분석하는 방법으로 끈질기게 탐색을 진행한 끝에 1930년 2월 마침내 명왕성을 발견했던

▶ 명왕성을 발견한 클라이드 톰보. (wiki)

것이다.

이 소식은 곧 AP통신의 전파를 타고 전 세계로 퍼져나갔으며, 제9의 행성 발견으로 세계는 발칵 뒤집어졌다. 과연 태양계가 앞으로도 얼마나 더 확장될 것이며, 그 바깥으로는 무엇이 더 있을까 하는 생각으로 사람들은 망연한 시선으로 하늘을 올려다보았다.

어쨌든 명왕성 발견 하나로 톰보는 일약 유명인사가 되었다. 영국 왕립천문학회 등으로부터 공로 메달을 받았으며, 캔자스 대학에서 장학금을 받아 정식으로 천문학을 전공하여 학위를 받았다. 1955년부터 1973년 퇴임할 때까지 뉴멕시코 주립대학에서 교수로 재직했고, 1997년 뉴멕시코의 라스크루서스에서 평생을 꿈꾸었던 새로운 우주로 갔다.

여담이지만, 톰보가 로웰 천문대에서 근무하게 된 것은 몇 장의 천체 스케치 덕분이었다. 가난한 농가 출신으로 고등학교를 졸업한 후 아마추어 별지기로 천체관측을 즐기던 톰보는 자작 망원경으로 관측한 화성과 목성의 관측 스케치를 충동적으로 로웰 천문대에 보냈다. 천문대 대장은 이 스케치를 보고는 '고되지만 보수가 짠' 천문대 일을 해볼 생각이 없느냐는 편지를 보냈고, 시골 청년은 망설임 없이 즉시로 저축한 돈을 긁어모아 몇날 며칠을 가야 하는 플래그스탭행 편도 기차표를 끊었던 것이다.

명왕성은 지금은 행성 반열에서 탈락하여 왜행성으로 분류되고 있다. 정식 명칭은 134340 명왕성(134340 Pluto)으로 불리며, 카이퍼 띠에 있는 왜

행성으로서는 현재 가장 큰 천체다. 암석과 얼음으로 이루어져 있으며, 지름 2,400km로 지구의 달의 70%에 지나지 않는다. 태양으로부터 평균 약 60억 km(40AU) 떨어진 타원형 궤도를 돌고 있으며, 공전주기는 약 248년, 자전주기는 6.4일이다. 길쭉

▶ 톰보가 발견한 명왕성의 모습. 뉴호라이즌스가 2015년 7월 명왕성을 근접비행하면서 찍어 색을 보강한 사진. (NASA, Johns Hopkins Univ./APL, SWRI)

한 타원형 궤도 때문에 해왕성의 궤도보다 안쪽으로 들어올 때도 있다. 위성은 5개 있다.

처음으로 명왕성을 방문한 탐사선은 NASA의 뉴호라이즌스New Horizons다. 2006년 1월 19일 발사된 뉴호라이즌스는 목성의 중력을 이용하여 2015년 7월 명왕성에 도착했으며, 명왕성 표면으로부터 약 12,550km 거리까지 근접비행하는 데 성공했다.

93 명왕성 이름은 누가 지었나요?

A 플루토Pluto(명왕성)라는 이름을 제안한 사람은 11살짜리 영국 소녀인 베네티아 버니(1918~2009)였다.

영국 옥스퍼드에 살던 베네티아는 고전 신화와 천문학에 깊은 관심을 가지고 있었는데, 새로 발견된 제9의 행성 이름으로 춥고 어두운 곳에 사는 로마 신화의 저승신 플루토가 딱 맞을 거라고 생각했다. 베네티아는 자기 생각을 옥스퍼드 대학 보들리 도서관 사서였던 할아버지 팔코너 마단

과 상의했고, 마단은 그 이름을 친구를 통해 로웰 천문대로 보냈다.

베네티아의 이 제안은 로웰 천문대가 전 세계의 화제가 되었던 새 행성의 이름을 공모한 끝에 접수되었던 1천여 건의 응모작 중 하나였다.

최종심에 오른 3개의 후보작을 놓고 로웰 천문대원은 투표를 실시한 끝에 플루토가 모든 표를 독식했고, 이 이름은 1930년 3월 1일에 공표되었다. 새 행성 이름 플루토가 공표되

▶ 명왕성의 이름 '플루토'를 응모해 당선된 11살의 베네티아 버니.

자마자 마단은 손녀 베네티아에게 상으로 5파운드를 주었다. Pluto의 첫 두 글자가 퍼시벌 로웰의 이니셜인 PL과 일치한다는 것도 선정에 약간 영향을 미쳤다. 명왕성의 천문 기호(♇)는 P와 L을 한 글자로 겹쳐놓은 것이다.

우리나라의 경우, 서양에 대해 가장 먼저 문호를 개방한 일본을 통해 서양 천문학을 받아들이면서 명왕성 이름도 1930년대에 일본을 통해 자연스럽게 들어온 것으로 보인다. 플루토가 명계冥界의 신이므로 명왕冥王이라는 한자 이름을 만들어 붙였고, 한국에서는 이를 그대로 받아들여 오늘날까지 사용하게 된 것이다.

94 명왕성은 왜 행성에서 탈락했나요?

A 명왕성 너머에서 명왕성보다 더 큰 소행성이 발견된 것이 결정적인 이유다.

클라이드 톰보가 70여 년 전 명왕성을 찾을 때와 같은 방법으로 큰 사냥감을 찾아 헤매던 미국의 천문학자 마이클 브라운은 2003년, 지름 2,300km인 명왕성보다 더 큰 지름 2,600km인 소행성 에리스를 발견했다.

▶ 2015년 7월 명왕성과 그 위성 카론 옆을 지나는 NASA의 뉴호라이즌스. 명왕성 탐사 후 두 번째 미션을 부여받고 2019년 1월 카이퍼 띠 안의 천체를 근접 통과했다. (Southwest Research Institute)

그후로도 비슷한 크기의 소행성들이 잇달아 발견됨으로써 국제천문연맹(IAU)은 2006년 행성의 정의를 다음과 같이 정하기에 이르렀다.

1. 태양을 중심으로 공전할 것.
2. 자체 중력으로 유체역학적 평형을 이룰 것.
3. 구에 가까운 형태를 유지할 것.
4. 주변 궤도상의 천체들을 쓸어버리는(충돌, 포획, 기타 섭동에 의한 궤도 변화 등) 물리적 과정이 완료됐을 것.

이 정의에 의거해 2006년 체코 프라하에서 열린 IAU 총회에서 표결에 부친 결과, 명왕성은 행성 반열에서 퇴출되고 왜행성으로 분류되었다. 궤도를 어지럽히는 얼음 부스러기들을 청소하기에 명왕성은 덩치가 너무 작았던 것이다. 이리하여 명왕성은 '왜행성 134340'으로 바뀌었다. 톰보가 죽었기에 망정이지, 살아 있었다면 피눈물을 흘릴 일이었다.

비록 명왕성은 강등당했지만, 그럼에도 불구하고 천문학자 외에는 명왕성을 '왜행성 134340'이라는 어려운 이름으로 부르는 이는 없을 것이다. 우리에게 명왕성은 그 독특한 이름으로 인해 더더욱 영원한 명왕성인 것이다.

명왕성은 1930년 고학생 출신으로 윌슨 천문대의 신참이었던 클라이드 톰보에 의해 발견되어 태양계 마지막 행성으로 등극했다. 그러나 한 세기도 채 채우기도 전에 행성 지위에서 퇴출되었지만, 역설적이게도 대중에게는 그 전보다 더욱 유명하게 되었다. 아직도 미국에서는 명왕성의 행성 지위 회복을 줄기차게 주장하고 있다. 2015년 7월 명왕성 근접비행에 성공한 뉴호라이즌스New Horizons의 명왕성 탐사를 계기로 미국인들의 명왕성 지위 회복 요구가 더욱 드세어지고 있다. 그만큼 미국인들은 명왕성을 사랑하고 있다.

표면엔 얼음과 흙이 아주 많고 표면 온도가 무려 섭씨 영하 230도인 명왕성은 태양으로부터의 평균 거리가 약 60억km(40AU/천문단위)이나 떨어져 있다. 이 거리를 달리면 햇빛이 1,000분의 1의 수준으로 약해진다. 명왕성은 근일점일 때는 해왕성 궤도 안쪽까지 들어온다. 태양에 가장 가까울 때는 29.7AU이고, 가장 멀 때는 49.7AU까지 벌어진다. 1979~1999년까지는 해왕성 궤도 안쪽으로 들어와 있기도 했다. 하지만 공전면이 달라 충돌할 가능성은 거의 없다.

여담이지만, 1992년 NASA는 톰보에게 특별한 제안을 했다. 2003년에 출발하기로 예정되어 있는 명왕성 탐사에 참여해달라는 것이었다. 톰보는 뛸 듯이 기뻤지만, 이미 연로한 몸이어서 꿈을 이루지 못하고 세상을 떠났다. 어차피 명왕성 탐사선은 사람이 탈 수는 없는 것이었다. 지구보다 태양에서 40배나 더 멀리 떨어져 있기 때문에 현재 우주선의 속력으로도 10년을 날아가야 한다.

명왕성 탐사선엔 '9개 비밀품목'이 실려 있다!

NASA의 뉴호라이즌스 팀이 탐사선에 몰래 실어보낸 비밀품목이 9개나 된다는 것이 우주전문 사이트인 유니버스투데이에 보도된 적이 있다. 9년을 날아간 뉴허라이즌스 우주선이 행선지인 명왕성과 카이퍼 띠에 도착한 것은 2016년 7월이었다.

2008년 뉴호라이즌스 팀은 그들이 우주선에 몰래 태워보낸 비밀품목들을 공개했다. 우주공간을 10년 동안 날아서 태양계 변방으로 가는 뉴호라이즌스에 무임승차시킨 물건은 모두 9대다. 믿기 어려운 일이겠지만, 여기에는 실제 인간 1명과 수천 사람의 신체 일부가 포함되어 있다. 그 품목은 다음과 같다.

▶ 탐사선 데크 밑바닥에 붙어 있는 저 물건은 명왕성 발견자 톰보의 뼛가루다. (JHU APL)

1. 실제 사람 1인. 실제 인간의 한 부분이다. 명왕성 발견자 클라이드 톰보의 분골 일부가 용기에 넣어져 위의 사진에서 보듯이 우주선 밑부분에 부착되었다.

2. 434,000명의 이름. "이 위대한 탐험에 참여하기를 원한 사람들의 이름 43만 4천 개가 실린 CD – ROM 1장."

3. 뉴호라이즌스 프로젝트 팀원들의 사진이 실린 CD – ROM 1장.

4. 플로리다 주 25센트 동전. 우주선이 출발한 곳이다.

5. 매릴랜드 주 25센트 동전. 뉴호라이즌스가 제작된 곳이다.

6. 미국의 민간 유인 우주선 '스페이스십 원(SpaceShip One)에서 떼어낸 한 조각이 뉴호라이즌스의 안쪽 아래 데크에 부착되어 있는데, 양면에 명문이 새겨져 있다. 앞면 : "우주비행에서 역사적인 진전을 이룩한 것을 기념하기 위해 또 하나의 역사적인 우주선에 이 조각을 실어보낸다." 뒷면 : "스페이스십 원은 최초의 민간 유인 우주선이었다." 스페이스십 원은 2004년 미합중국에서 날아올랐다.

7. 미국 국기 1점.

8. 다른 형태의 미국 국기 1점.

9. "명왕성: 아직 탐사되지 않았다"고 쓰인 1991년도 미국 우표.

그러나 톰보는 명왕성까지 갔다. 의리 깊은 후배 천문학자들의 배려로, 살아 있는 육신 대신 그를 화장한 재의 일부가 2006년 1월 19일 발사된 뉴호라이즌스에 실려서 2015년 7월 명왕성에 도착했던 것이다. 비록 명왕성에 영면하지는 못하고 먼발치를 지나면서 보았을 뿐이겠지만, 톰보의 뼛가루를 담은 캡슐에는 그의 묘석에 새겨진 다음과 같은 글귀가 적혀 있다.

"미국인 클라이드 톰보 여기에 눕다. 그는 명왕성과 태양계의 세 번째 영역을 발견했다. 아델라와 무론의 자식이었으며, 패트리셔의 남편이었고, 안네트와 앨든의 아버지였다. 천문학자이자 선생님이자 익살꾼이자 우리의 친구 클라이드 W. 톰보(1906~1997)."

여담이지만, 톰보는 유현진이 뛰고 있는 MBL 다저스팀의 에이스 투수 클레이턴 커쇼의 외할아버지다. 그래서 커쇼는 '명왕성은 내 마음의 행성이다'라고 적힌 티셔츠를 입고 TV에 출연한 적도 있다. 톰보가 손자의 모습을 보았다면 무척 대견해했을 것 같다.

95 명왕성도 위성을 갖고 있나요?

A 가장 큰 카론을 포함, 모두 5개의 위성을 가지고 있다.

명왕성이 발견된 것이 1930년으로 아직 1세기가 지나지 않은 만큼 5개의 위성도 모두 근년에 발견된 것들이다. 물론 앞으로도 더 발견될 수도 있다. 5개의 위성은 1978년 최대 위성인 카론을 비롯해, 2005년 발견된 닉스와 히드라, 그리고 2011년 발견된 케르베로스, 2012년 발견된 스틱스다.

카론Charon은 1978년 미국 해군성 천문대의 천문학자인 제임스 크리스

티에 의해 발견되었다. 카론은 원래 그리스 신화에 지상과 저승의 경계를 이루는 스틱스강 뱃사공의 이름이다. 그가 모시는 왕이자 명계의 신인 하데스의 영어 이름 플루토Pluto를 명왕성의 이름으로 했기 때문에 그 최대 위성에 카론이란 이름을 붙인 것이다.

▶ 뉴호라이즌스가 2015년 7월 14일에 명왕성을 접근 통과하면서 동시에 탐사하여 카론에는 최대 27,000km 까지 접근했다. (NASA)

카론은 모행성인 명왕성에 비해 위성으로서는 매우 큰 크기와 질량을 가지고 있는데, 지름은 명왕성의 절반이 넘고, 질량은 명왕성의 11% 정도이다. 때문에 카론과 명왕성계의 질량 중심은 카론과 명왕성 사이에 있다. 명왕성과 카론은 그 질량 중심을 공전하고 있다. 이런 이유로 몇몇 천문학자는 명왕성 – 카론을 이중행성으로 보기도 한다.

카론은 명왕성에서 약 1만 9천km 떨어진 거리에서 6.4일을 주기로 공전하고 있다. 자전주기도 같다. 명왕성과 카론은 이처럼 중력으로 단단히 묶여 있어 서로 같은 면만을 바라보며 윤무를 추듯이 서로를 중심에 두고 그 둘레를 돈다. 둘 사이에 다리를 놓아도 될 정도로 견고하게 결합되어 있다. 이런 우아한 균형의 춤사위가 가능한 것은 카론이 비교적 크기 때문이다. 이같이 중력으로 묶여진 것을 조석고정(tidal locking)이라 한다.

NASA의 탐사선 뉴호라이즌스가 2015년 7월 14일 명왕성과 카론을 최근접 통과하는 역사적인 쾌거를 이룩했다. 이로써 인류는 태양계 전 행성들을 빠짐없이 탐사한 기록을 세우게 되었다. 뉴호라이즌스는 명왕성에서 13,695km 거리까지 접근했으며, 카론에 가장 가까이 접근한 기록은 29,473km였고, 속도는 초속 13.87km였다. 이후 뉴호라이즌스는 2020년 카이퍼 띠 천체를 접근 통과할 예정이고, 2029년에는 태양계를 벗어날 것이다.

다른 위성 닉스와 히드라는 2005년 5월 15일, 허블 우주망원경을 통해 추가로 발견되었다. 국제천문연맹은 이 두 위성에 그리스 신화의 밤의 여신 닉스와 목이 아홉 개인 물뱀 히드라라는 정식 이름을 붙였다. 둘 다 지름 50km 안팎의 작은 위성이다. 더욱 작은 위성인 케로베로스와 스틱스도 허블 망원경에 의해 2011년과 2012년에 각각 발견되었다.

96 화성과 목성 궤도 사이에 왜 행성은 없고 소행성대가 있나요?

A 최대 행성인 목성의 엄청난 인력으로 소행성대小行星帶 부근에서 궤도가 혼란되어 미행성이 큰 행성으로 성장하지 못하고 자잘한 소행성이 무리를 이루었기 때문이다. 기껏 생겨야 달 크기였을 것으로 보인다.

17세기 천문학자들은 화성과 목성 사이에 비어 있는 간격이 이상하다고 생각했다. 이에 대해 최초로 의문을 제기한 사람은 요하네스 케플러였다. 행성이 태양으로부터 얼마나 떨어진 곳에 있어야 하는지를 알려주는 경험 법칙인 티티우스-보데의 법칙*에 따르면, 2.8AU 위치에 행성 하나가 들어

---

* 태양계 행성의 태양계 중심으로부터의 위치에 대한 규칙으로, 비텐베르크 대학의 수학 교수 티티우스가 1766년에 발견하고, 베를린 천문대장 보데에 의해 1772년에 공표되었다. 지구를 제3번 행성으로 하고, 그 평균 거리를 1 AU(=1억 4,960만km)로 나타내면 제 n번 행성의 평균거리 a는 다음 공식으로 나타낼 수 있다. $a = 0.4 + 0.3 \times 2^n$.

가야 하는데, 발견되지 않고 있는
것이다.

처음으로 발견된 소행성은 세
레스로, 공식 소행성명은 1 세레
스(1 Ceres)이다. 현재 태양계의
소행성대에 존재하는 유일한 왜
행성이다. 1801년 1월 1일 이탈
리아의 천문학자 주세페 피아치
가 발견하여, 그후 반세기 동안

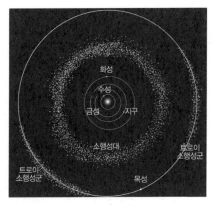

▶ 소행성대. (wiki)

행성에 속했다. 지름은 950km로, 소행성대에서 가장 크고 무거운 천체다.

세레스가 발견된 이래, 팔라스, 유노, 베스타가 차례로 발견되었다. 그
러나 한동안 소행성의 발견은 중단되었고, 1845년 아스트라이아의 발
견 이후 많은 소행성들이 잇달아 발견되었다. 1923년에는 1,000번째,
1990년에는 5,000번째 소행성이 발견되었으며, 2016년 3월 기준으로 소
행성체 센터는 태양계에서 130만 개 이상의 소행성체들을 파악했으며, 그
중 750,000개의 소행성에 공식적으로 숫자가 부여되었다.

유엔에서는 소행성에 대한 인류의 경각심을 높이기 위해 2017년 6월
30일을 국제 소행성의 날로 선포했다. 1908년 6월 30일에는 러시아 퉁구스
카에 소행성 대폭발이 있었다.

새로 발견되는 소행성은 그 시기와 순서에 따라 2012 DA14와 같은 임시

---

* 소행성체 및 혜성에 관한 관측자료를 수집하는 전세계 규모의 공식적 기관. MPC(Minor Planet
Center)는 수집한 자료에 따라 천체들의 궤도를 계산하고 그 정보를 〈소행성체 편람〉을 통해 배포
한다. 국제천문연맹의 후원을 받고 있으며, 스미소니언 천체물리학 관측소(SAO)와 하버드 대학 천
문대에서 운영된다.

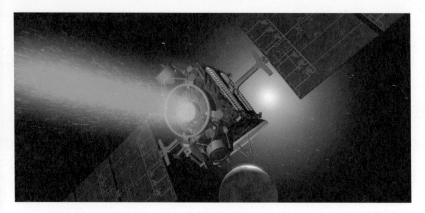

▶ 왜행성 세레스에 접근하는 NASA의 던 탐사선. 2015년 3월 세레스의 선회궤도에 진입했다. (NASA/JPL – Caltech)

이름을 부여받는다. 앞의 2003은 발견된 연도이며, 첫번째 로마자는 발견된 달을 전반기와 후반기로 구분해서 24개 문자 중 하나로 표시된다. 이후 궤도가 확정된 소행성에게는 고유한 번호와 이름이 조합된 소행성명이 주어지며, 발견자가 원하는 경우 새로운 이름을 붙일 수 있다.

우리말 이름이 붙은 소행성은 일본인이 발견한 세종, 나일성, 관륵 등에 이어, 1998년 네 번째이나 한국인이 발견한 소행성은 통일이 처음이다. 통일은 지름이 5~10km 크기로 현재 지구로부터 3억 2,000만km 정도 떨어진 화성 – 목성 궤도 사이에서 4.36년 주기로 태양을 공전하고 있다.

소행성대의 기원은 미행성들의 충돌과 합체로 행성을 만들어가다가 목성의 큰 조석력으로 인해 만들어진 행성이 다시 부서져 소행성대를 이루게 되었다는 가설이 가장 유력하다. 그래서 기껏 커봐야 달의 크기에 못 미친다. 일부 큰 소행성은 위성을 거느리고 있다. 가스로 된 코마나 꼬리를 가지지 않는다는 점에서 혜성과 구분된다. 대부분의 소행성은 관성주축 가운데 최단축을 중심으로 몇 시간 주기로 자전한다. 이는 최단축을 중심으로 도는 것이 가장 에너지가 낮은 상태이며, 이 상태로 떨어지는 시간이 대체로 짧기 때문이다.

이들이 이룬 소행성대는 높이 1억km, 가로두께 2억km 정도 크기의 도넛 모양으로 생겼다. 이곳에 위치한 소행성들의 태양으로부터 평균 거리는 2.2~3.3AU이며, 공전주기는 3.3~6.0년이다. 최초로 발견된 세레스를 비롯하여 수백만 개의 소행성이 이곳에 있을 것으로 보이지만, 우주선이 지나가도 부딪칠 염려가 없을 정도로 텅 비어 있다.

소행성대의 소행성들 간의 평균거리는 약 1,600만km다. 과밀지역은 그 거리가 160만km라 하더라도 이는 지구 – 달 사이 거리의 약 4배다. 지름 1km짜리 소행성이 그런 거리에 하나씩 있으니 눈 닦고 찾아봐도 하나 구경하기 어려울 것이다. 그래서 1973년 파이어니어 10호가 목성으로 가는 길목의 소행성대를 가로질러갔으나 아무런 일도 생기지 않았던 것이다.

소행성대에 있는 물질을 모두 포함하더라도 지름 1,500km밖에 안되는 토성의 작은 위성 레아의 질량(약 2.3×10^{21}kg)에도 미치지 못할 것이다. 아주 먼 과거에는 지름 수백, 수천km의 천체가 여럿 있었지만, 결국은 행성들에 모두 붙잡혀 위성이 되거나 혹은 성장 도중에 행성에 충돌했다. 그러한 흔적이 커다란 크레이터로 남아 있다.

소행성 중에는 탐사선이 직접 다가가서 관찰한 것도 있다. 처음으로 소행성에 접근한 탐사선은 갈

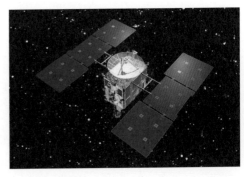

▶ 하야부사 우주선

릴레오로, 1991년과 1993년에 각각 951 가스프라와 243 이다를 지나가며 많은 사진을 지구로 전송했다. 이때 소행성의 첫 위성인 다크틸이 발견되었다. 니어 슈메이커는 253 마틸다에 접근하는가 하면, 2001년 433 에로스에 착륙하는 데 성공했다. 2005년에는 일본의 하야부사 우주선이 25143 이토카와에 착륙하여 표본을 수집해서 귀환하기도 했다.

97 혜성이란 무엇인가요?

A 혜성은 태양이나 큰 질량의 행성에 대해 타원이나 포물선 궤도를 도는 태양계에 속한 작은 천체를 뜻하며, 우리말로는 살별이라고 하고, 빗자루별이란 별명도 갖고 있다.

혜성彗星의 '혜彗'가 '빗자루'라는 뜻에서도 알 수 있듯이, 빛나는 머리와 긴 꼬리를 가지고 밤하늘을 운행하는 혜성은 예로부터 고대인들에 의해 많이 관측되었다. 연대가 확실한 가장 오랜 혜성관측 기록으로는 기원전 1059년, 중국의 '주나라 때 빗자루별이 동쪽에서 나타났다'는 기록이다. 유럽에서는 기원전 467년 그리스 사람들이 혜성 기록을 남겼다. 그리스어로 혜성을 코멧Komet이라 하는데, 머리털을 뜻한다.

묘하게도 동서양이 혜성에 대해서는 하나의 일치된 관념을 갖고 있었는데, 그것은 혜성 출현이 불길한 징조라는 것이다. 왕의 죽음이나 망국, 큰화재, 전쟁, 전염병 등 재앙을 불러오는 별이라고 믿었다. 고대인에게 혜성은 '공포의 대마왕'으로 두려움의 대상이었던 것이다.

혜성의 시차를 측정하여 혜성이 지구 대기상에서 나타나는 현상이 아닌 천체의 일종임을 최초로 밝혀낸 사람은 16세기 튀코 브라헤였고, 혜성이 태양계의 구성원임을 입증한 사람은 17세기 영국 천문학자 에드먼드 핼리였다.

▶ 인류에게 혜성의 존재를 처음 알려준 핼리 혜성. 1986년에 방문한 핼리 혜성의 모습이다. (NASA)

핼리는 1682년 어느 날 혜성을 본 후, "이 혜성은 불길한 일을 예시하는 별이 아니라, 76년을 주기로 지구 주위를 타원 궤도로 도는 천체로, 1758년 다시 올 것이다"라고 예언했다. 그는 자신의 예언을 확인하지 못하고 죽었지만, 과연 1758년 크리스마스 밤에 이 혜성이 나타난 것을 독일의 한 농사꾼 아마추어 천문가가 발견했다. 이로써 혜성이 태양을 끼고 도는 하나의 천체임이 처음으로 증명되었다. 핼리 혜성은 핼리의 업적을 기리는 뜻에서 붙여진 이름이다. 가장 최근에 핼리 혜성이 나타난 해는 1986년이었고, 다음 방문은 2061년으로 예약되어 있다(나는 못 보겠네^^;).

보통 혜성은 서울시만한 크기로, 혜성이 태양을 방문할 때마다 핵에서 약 1억 톤 가량의 물질을 방출하기 때문에 핵 표면이 약 3m씩 줄어든다고 한다. 엥케 혜성은 천 번 곧, 3,300년 후, 핼리 혜성은 76,000년 후엔 수명을 다하게 된다. 수백억 년을 사는 별에 비해서는 참으로 찰나의 삶을 사는 존재라 하겠다.

혜성은 크게 머리와 꼬리로 구분된다. 머리는 다시 안쪽의 핵과, 핵을 둘러싸고 있는 코마로 나누어진다. 핵이 탄소와 암모니아, 메탄 등이 뭉쳐진 '더러운 얼음덩어리'라는 사실이 최초로 밝혀진 것은 1950년 하버드 대학

핼리 혜성에 얽힌 한 소설가의 슬픈 사연
─혜성과 똑같은 주기를 살다 간 '마크 트웨인'

핼리 혜성에는 한 소설가의 슬픈 사연이 얽혀 있다. 〈톰 소여의 모험〉, 〈허클베리 핀의 모험〉 등으로 우리에게도 친숙한 마크 트웨인이 그 주인공으로, 그는 핼리 혜성이 온 1835년에 태어나서, 혜성이 다시 찾아온 1910년에 세상을 떠났다.

마크 트웨인은 거의 무학으로 어렸을 때부터 막노동판을 전전하다가 작가로 전업한 입지전적인 사람이다. 우리에게는 〈허클베리 핀의 모험〉 등으로 인해 "자연으로 돌아가라" 식의 루소풍 소설가로 잘 알려져 있지만 그는 사실 첨단과학과 기술 개발에 상당한 관심을 보였다. 여러 차례 영화로도 만들어진 그의 소설 〈아서왕궁의 코네티컷 양키〉는 타임머신을 주제로 한 공상과학소설의 전형이었다. 당시 인기작가였던 그는 인세로 상당한 돈을 벌었지만, 새로 개발된 식자기(植字機) 사업에 엄청난 돈을 투자했다가 파산하기도 했다.

▶ 마크 트웨인. 초등학교 졸업 이후 독서와 막노동을 바탕으로 대작가의 반열에 올랐다. (wiki)

마크 트웨인은 만년에 불우한 삶을 살았다. 70세 때 아내와 장녀인 수지가 같은 시기에 세상을 떠나고, 몇 년 후에는 셋째 딸마저 간질로 그 뒤를 따랐다. 남은 자식이라고는 둘째 딸 클라라뿐이었다. 그는 실의에 빠진 채 만년을 보냈는데, 유일한 즐거움은 과학책을 읽는 것이었다.

76년 주기인 혜성과 주기를 같이한 마크 트웨인은 생전에 이런 말을 남겼다.

"나는 1835년 핼리 혜성과 함께 왔다. 내년에 다시 온다고 하니 나는 그와 함께 떠나려 한다. 내가 만일 핼리 혜성과 함께 가지 못한다면 그것은 내 인생에서 가장 실망스러운 일이 될 것이다. 신은 분명 이렇게 말씀하셨다. 여기 설명하기 어려운 두 현상이 있다. 그들은 함께 왔고 함께 갈 것이다."

1910년 어느 날 밤 별이 뜰 무렵, 마크 트웨인은 둘째 딸 클라라의 손을 잡고 "안녕, 클라라. 우린 꼭 다시 만날 수 있을 거야"라는 말을 남겼는데, 그때 핼리 혜성이 다시 지구를 찾아왔고, 그는 이튿날 세상을 떠났다. 1910년 4월 21일이었다.

의 천문학자 프레드 위플에 의해서였다. 그러니 혜성의 정체가 제대로 알려진 것은 반세기 남짓밖에 되지 않은 셈이다.

핵을 둘러싼 코마는 태양열로 인해 핵에서 분출되는 가스와 먼지로 이루어진 것으로, 혜성이 대개 목성궤도에 접근하는 7AU 정도 거리가 되면 코마가 만들어지기 시작한다. 우리가 혜성을 볼 수 있는 것은 이 부분이 햇빛을 반사하기 때문이다. 코마의 범위는 보통 지름 2만~20만km 정도로 목성 크기만 하기도 하고, 때로는 지구와 달까지 거리의 약 3배나 되는 100만km를 넘는 것도 있다.

혜성의 꼬리는 코마의 물질들이 태양풍의 압력에 의해 뒤로 밀려나서 생기는 것이다. 이 황백색을 띤 꼬리는 태양과 반대방향으로 넓고 휘어진 모습으로 생기며, 태양에 다가갈수록 길이가 길어진다. 꼬리가 긴 경우에는 태양에서 지구까지의 거리 2배만큼 긴 것도 있다니, 참으로 장관이 아닐 수 없겠다.

태양에 가까이 다가가면 두 개의 꼬리가 생기기도 하는데, 앞에서 말한 먼지꼬리 외에 가스 꼬리 또는 이온 꼬리라고 불리는 것이 생긴다. 태양 반대쪽으로 길고 좁게 뻗는 가스 꼬리는 이온들이 희박하여 눈으로는 잘 보이지 않지만, 사진을 찍어보면 푸른색을 띤 꼬리가 길게 뻗어 있는 것을 볼 수 있다.

98 밤하늘에서 가끔 보는 별똥별은 무엇인가요?

A 옛사람들이 '흐르는 별'이라 하여 유성流星이라 이름한 것이 바로 별똥 또는 별똥별이다. 유성체(별찌)가 지구 대기권으로 매우 빠른 속

▶ 1833년 11월 북아메리카에서 목격된 사자자리 유성우. (wiki)

도로 돌입하여 밝은 빛줄기를 형성하는 것이다. 유성은 지구 대기에서 일어나는 현상이며, 스스로 빛을 내는 항성과는 다른 것이다.

유성은 혜성에서 떨어져나온 돌가루라고 생각할 수 있으며, 유성이 되는 유성체는 대부분 굵은 모래알 정도로 작은 것들이다. 100km 정도 떨어져 있는 두 지점에서 유성을 동시에 관측하면 유성이 발생한 고도를 측정할 수 있다. 맨눈으로 볼 수 있는 유성은 대부분 약 70km 상공에서 발생한 것이다. 유성체의 속력은 평균 50km/s 정도로 측정되는데, 지구의 대류권의 두께가 10km 정도임을 생각하면 매우 빠름을 알 수 있다.

유성 중에서 밝은 것은 화구火球(fireball) 또는 불덩어리 유성이라고도 한다. 화구 중에는 대기 중에서 폭발하며 큰 소리를 내는 것도 있는데, 지난 2013년 2월 15일, 러시아 도시 첼랴빈스크 인근에 떨어져 수많은 건물들을 부수고 1,500명의 부상자를 낸 지름 19m의 '첼랴빈스크 유성'도 그 같은 경우다.

혜성은 궤도를 운행하면서 티끌이나 돌조각들을 궤도상에 흩뿌리는데, 이러한 혜성의 입자들이 혜성 궤도 주위에 모여 있는 것을 유성류流星流라 한다. 공전하는 지구가 이 유성류 속을 지날 때 지구 대기와의 마찰로 불타며 떨어지는데, 이것을 유성 또는 별똥별이라 하며, 많은 유성이 무더기로

내가 만약 운석을 발견한다면?
－운석 발견시의 매뉴얼

2014년 3월 경남 진주 근교 농가의 한 비닐하우스에 운석이 떨어져 화제가 됐던 적이 있다. 그 소식을 듣고 운석 사냥꾼들이 모여들어 일대를 뒤진 끝에 며칠 간격으로 3개의 운석이 더 발견되었다. 이처럼 운석 사냥꾼들이 모여드는 것은 운석 값이 잘하면 금값의 10배는 되기 때문이다.

그런데 이런 운석이 매일 평균 100톤, 1년에 4만 톤씩 지구에 떨어지고 있다. 먼지처럼 작은 입자의 우주 물질은 1초당 수만 개씩, 지름 1㎜ 크기는 평균 30초당 1개씩, 지름 1m 크기는 1년에 한 개 정도씩 지구로 떨어진다. 하지만 그 3분의 2가 바다에 떨어지고, 나머지는 대부분 사람이 살지 않는 지역에 떨어지는 통에 거의 발견되지 않는다.

매일 100톤씩 지구에 떨어지는 운석. 생각해보면 이 우주 안에서 100% 안전한 곳은 하나도 없다. 그 확률이 희박할 뿐이지, 운석은 지금 이 순간도 내 뒤통수를 후려칠 수 있는 것이다. 실제로 우주에서 날아온 운석이 지붕을 뚫거나 차를 찌그러뜨리는 일들이 심심찮게 일어난다.

하지만 당신이 크게 다치거나 목숨을 잃지만 않는다면, 그건 횡액이 아니라 엄청난 행운이다. 운석이 지붕 수리비나 찻값보다 적어도 10배 이상의 값어치가 나가기 때문이다. 오염되지 않은 희귀 운석은 이처럼 '우주의 로또'가 되기도 한다. 화성에서 온 운석이나 지구 물질에 오염되지 않은 운석 등은 1g당 1천만 원을 호가한다.

운석이 떨어질 확률은 언제나 있기 때문에 오늘밤 우리 집 마당에 떨어지지 말란 법이 없다. 그리고 운석은 법적으로 무주물(無主物)이기 때문에 먼저 발견하는 사람이 임자다.

운석이 떨어진 걸 발견했을 때 처리 매뉴얼을 공개하자면, 가장 먼저 주방으로 뛰어가 재빨리 비닐 장갑을 찾아 끼고 랩 뭉치를 들고 운석에게 달려간다. 먼저 운석 낙하 현장을 사진으로 담은 후 랩으로 돌돌 말아 밀봉해서는 반드시 냉동고에 집어넣는다. 지구 물질에 오염되면 그만큼 가치가 떨어지기 때문이다.

그런 후 수거 시간과 장소, 무게와 형태에 관한 간략한 진술을 병기해 사진과 함께 인터넷에 올리면 된다. 곧, 언론사나 연구기관 등에서 연락이 올 것이다. 한국천문연구원 등 관계기관에 직접 연락하는 것도 좋다.

떨어지는 것을 유성우流星雨(meteor shower)라 한다. 유성우는 지구 대기권으로 평행하게 떨어지지만, 우리가 보기에는 하늘의 한 곳에서 떨어지는 것처럼 보인다. 이 중심점을 복사점이라 하고, 복사점이 자리한 별자리의 이름을 따라 유성우의 이름이 정해진다.

유성우 중에서는 특히 사자자리 유성우가 유명한데, 주기 33년의 템펠-터틀 혜성이 연출하는 것으로서, 매년 11월 17일과 18일을 전후하여 시간당 십수 개에서 많은 경우 수십만 개의 유성이 떨어진다. 평상시에는 시간당 10~15개의 유성이 떨어지는 볼품없는 유성우이지만, 33년을 주기로 공전하는 템펠-터틀 혜성이 통과한 직후에는 시간당 수백에서 수십만 개의 유성이 떨어져 장대한 천체 쇼를 연출한다. 1966년 북미 동부에 분당 천 개 이상의 엄청난 유성우가 온 하늘을 뒤덮을 정도의 대장관을 펼쳤다고 한다.

예부터 별똥별을 보는 순간 소원을 빌면 이루어진다는 말이 있는데, 별지기들 중에는 의외로 이 말을 믿는 사람이 많다. 캄캄한 밤하늘에서 몇 초 명멸하다 사라지는 순간에 빌어지는 간절한 소원이라면 우주 에너지가 틀림없이 도와줄 것이란 믿음이다.

99 혜성은 어디에서 오나요?

A 혜성의 고향은 두 군데다. 해왕성 궤도 너머에 있는 카이퍼 띠와 태양계 가장 변두리인 오르트 구름이다.

혜성의 고향을 알기 위해서는 먼저 혜성의 기원을 알아야 한다. 혜성은 한마디로 행성과 위성들이 만들어지고 남은 잔해이기 때문에 태양계만큼이나 오래된 천체다.

행성이 밤하늘에서 규칙적으로 움직이는 데 비해, 혜성은 대개 갑자기 출현한다. 그래서 '혜성과 같이 나타나다'라는 표현을 쓰

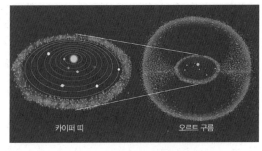

카이퍼 띠   오르트 구름

▶ 혜성의 두 종류. 카이퍼 띠 혜성과 오르트 구름 혜성이 있다.

는 것이다. 혜성 중에도 일정한 간격을 두고 찾아오는 주기혜성이 있는데, 매년 대략 20~30개 정도 발견되는 혜성 중 절반은 최초로 모습을 보이는 신참들이다.

혜성의 궤도로는 타원, 포물선, 쌍곡선 궤도 등이 있는데, 포물선이나 쌍곡선 궤도의 혜성은 비주기 혜성으로, 단 한 번 모습을 나타낼 뿐, 두 번 다시 돌아오지 않는다. 타원궤도를 도는 혜성만이 규칙적으로 찾아오는 주기혜성이다. 대표적인 주기혜성이 핼리 혜성으로, 태양계 내에 붙잡혀 길다란 타원궤도를 가지고 76년을 주기로 태양을 공전한다. 주기혜성은 200년 이하의 주기를 가지는 단주기 혜성과, 200년 이상 수십만 년에 이르는 주기를 가진 장주기 혜성으로 나누어진다.

단주기 혜성의 경우, 태양에서 목성과 해왕성 사이를 타원궤도를 그리며 운동한다. 태양계 내의 천체가 태양에서 가장 멀리 떨어져 있을 때의 거리를 원일점, 가장 가까이 있을 때의 거리를 근일점이라 하는데, 단주기 혜성은 원일점의 위치에 따라 목성족, 토성족, 천왕성족, 해왕성족으로 나누어진다. 예컨대 가장 짧은 3.3년 주기의 엥케 혜성은 목성족, 76년 주기의 핼리 혜성은 해왕성족에 속한다.

단주기 혜성의 고향은 해왕성 너머 30~50AU(45억~75억km) 공간에 납작

▶ 주기가 무려 558,300년인 웨스트 혜성. 넓은 흰 꼬리는 먼지 꼬리고, 아래의 푸른 꼬리는 이온 꼬리다. 아마추어 천문가 존 라보데가 1976년 3월 9일에 찍었다. (NASA)

한 원반 모양으로 분포하고 있는 카이퍼 띠(Kuiper Belt)로, 얼음과 운석들이 거대한 띠 모양을 이루면서 태양의 주위를 돈다. 천문학자들은 크기가 100km 이상인 것이 10만 개가 넘을 것으로 추정하고 있다.

장주기 혜성은 해왕성 바깥까지 갔다가 되돌아오는 길쭉한 타원궤도로, 대부분의 혜성이 이에 속한다. 원일점은 대략 1만~10만AU 정도 거리에 있다.

장주기 혜성의 고향은 그보다 훨씬 멀리, 5만~15만AU 가량 떨어진 오르트 구름이다. 지름 약 2광년으로, 거대한 둥근 공처럼 태양계를 둘러싸고 있는 오르트 구름은 수천억 개를 헤아리는 혜성의 핵들로 이루어져 있다. 탄소가 섞인 얼음덩어리인 이 핵들이 가까운 항성이나 은하들의 중력으로 이탈하여 태양계 안쪽으로 튕겨들어 혜성이 되는 것이다. 이 혜성은 온도가 매우 낮은 태양계 바깥쪽에 있었기 때문에 태양계가 탄생할 때의 물질과 상태를 수십억 년 동안 그대로 지니고 있는 만큼 태양계 탄생의 비밀을 간직한 '태양계 화석'이라 할 수 있다.

태양계의 원형 물질을 탐사하기 위해 지금까지 여러 차례 혜성 탐사선이 장도에 올랐다. 1999년 2월에 발사된 스타더스트는 2004년 1월 혜성 와일드 2로부터 표본을 채취해 지구로 돌아왔다. 2004년 3월에 발사된 유럽우주국(ESA)의 로제타Rosetta는 약 11년간 65억km를 비행하여 2014년 8월 67P/추류모프 – 게라시멘코 혜성에 도착했고, 같은 해 11월 12일 탐사로봇 필레Philae를 혜성에 착륙시켰다. 하지만 음지에 착륙한 탓에 곧 배터리가 방전되어 절반의 성공으로 끝났다. 2016년 9월 30일 로제타는 67P 혜성에 추락하여 충돌 직전까지 혜성을 촬영하는 것을 마지막으로 임무를 종료했다.

우주 속에 영원한 것이 어디 있을까마는, 혜성의 경우는 더욱 극적이다. 태양의 인력에 이끌려 태양계 안으로 들어온 혜성들은 각기 다른 운명을 겪는데, 태양과 행성들의 인력에 따라 궤도가 달라져, 어떤 것은 태양계 밖으로 밀려나 다시는 돌아오지 못하고 우주의 미아가 되거나, 행성의 강한 인력으로 쪼개지기도 한다. 또 어떤 것은 태양이나 행성에 충돌하여 최후를 맞는 경우도 있다. 1994년 슈메이커 – 레비 혜성이 여러 조각으로 깨어진 후 목성에 충돌한 것이 그 좋은 예이다.

마지막으로 장주기 혜성 하나만 소개하고 혜성 이야기를 끝내도록 하자. 1975년에 발견된 웨스트 혜성은 원일점이 13,560AU로, 현재까지 가장 긴 주기를 가진 혜성의 하나로 기록되고 있는데 그 주기가 무려 558,000년이다. 1976년에 태양을 지나친 뒤 네 조각으로 쪼개지면서 장관을 연출했던 웨스트 혜성의 다음 도래년은 서기 560,000년쯤 된다. 우리 인류가 문명사를 엮어온 것이 고작 5천 년인데, 과연 그때까지 살아남아 웨스트 혜성이 태양을 향해 시속 34만km로 돌진해가는 장관을 다시 볼 수 있을까?

A 요즘 들어 뉴스에 '소행성 충돌'이니, '지구 종말'이니 하는 단어들이 거론되어 사람들의 신경을 곤두서게 하는 일들이 자주 벌어지고 있다.

지난 2013년 2월, 러시아의 우랄 산맥 부근 첼랴빈스크 상공에서 폭발한 운석은 1,000명이 넘는 사람들을 다치게 하고 많은 건물들을 파괴했다. 보도에 따르면, 목격자들은 하늘에서 큰 물체가 한번 번쩍인 뒤 큰 폭발음을 냈고, 이어 불타는 작은 물체들이 연기를 내며 땅으로 떨어졌다고 한다. 나중의 조사에서 이 운석은 지름이 20m 정도로, 히로시마 원자폭탄의 30배가 넘는 위력으로 밝혀졌다고 한다.

소행성은 트럭만 한 것에서부터 수백km나 되는 거대한 우주 암석까지 다양한 규모인데, 대체로 화성과 목성 사이의 궤도에 있는 소행성대에서 태양을 중심으로 공전한다. 어떤 것들은 긴 타원궤도를 가지고 있어서 수성보다 태양에 접근하기도 하고 천왕성 궤도까지 멀어지기도 한다.

혜성이나 소행성이 남긴 파편들이 행성간 공간에 떠돌아다니다가, 초속 30km의 속도로 태양 주위를 공전하는 지구로 끌려들어오면, 초속 10~70km의 속도로 지구 대기로 진입, 대기와의 마찰로 가열되어 빛나는 유성, 곧 별똥별이 된다. 이를 화구火球라 한다.

대부분의 유성체는 작아서 지상 100km 상공에서 모두 타서 사라지지만, 큰 유성체는 그 잔해가 땅에 떨어지는데, 이것이 바로 운석이다. 하루에 지구로 떨어지는 소행성이나 혜성 부스러기는 대략 100톤에 이른다고 한다. 그러나 대부분은 대기 중에서 타버리거나, 바다나 사막, 산악지대에 떨어지기 때문에 운석이 발견되기는 어렵다. 운석은 무서운 존재이기는 하지

▶ 소행성 충돌 상상도. 지름 몇십km짜리 하나만 지구를 들이박는다 해도 지구 문명은 삽시간에 지워지고 만다. (NASA)

만, 한편으로는 지구를 포함한 태양계의 나이를 알아내는 데 실마리를 제공하는 태양계 화석이기도 하다. 그래서 비싼 값으로 팔리기도 한다.

이처럼 다양한 얼굴을 가진 운석이지만, 문제는 공포스러운 충돌이 가져올 대재앙이다. 지름 10km짜리 소행성 하나가 초속 20km 속도로 지구와 충돌하기만 한다고 해도 강도 8 지진의 1,000배에 달하는 대재앙을 피할 수 없게 된다.

46억 년 지구의 역사 중에서 가장 유명한 운석 충돌은 멕시코 유카탄 반도의 칙술루브에 떨어진 소행성 충돌이다. 지름 10km의 소행성이 떨어져 지름 180km의 크레이터를 만들었다. 약 6,500만 년 전 백악기 말 공룡을 비롯한 지구 생명체의 약 70%가 멸종했는데, 그 원인이 바로 칙술루브 소행성 충돌이라고 한다.

무게 1조 톤, 낙하속도 초속 30km로 돌진한 소행성으로 일어난 이 대충돌은 해일, 지진, 폭풍과 같은 천재지변을 일으켰고, 이때 대기 상층으로 솟아오른 먼지가 햇빛을 완전히 가려 식물을 말라죽게 하고 동물을 멸종하게 만든 원인으로 작용했다는 것이다. 지구상의 공룡은 이때 대멸종의 운명을 맞았다고 한다.

요즘에도 심심찮게 소행성들이 지구 부근으로 날아들어 지구 행성인들을 겁주는 일들이 일어나곤 한다. 지름 몇십km짜리 하나만 지구를 들이박는다 해도 지구 문명은 삽시간에 지워지고 말 테니까. 그래서 위험 소행성들을 감시하는 기구들도 생겼다. 수많은 소행성의 움직임을 꾸준히 관측해 파악하고 있는 NASA측은 "적어도 앞으로 100년 이내에는 이들 소행성이 지구와 충돌할 가능성은 없다"라고 말한다.

원래 우주는 폭력적인 장소다. 우주 안에서 100% 안전한 장소는 없다. 지구는 물론이고, 당신이 지금 앉아 있는 자리도 마찬가지다. 소행성 충돌은 백만분의 1초 만에 모든 게 끝장날 행성 충돌이나 중성자별 충돌, 블랙홀 충돌, 그리고 은하 충돌에 비하면 씹던 껌에 얻어맞는 정도에 지나지 않을지도 모른다. 하지만 그것이 지구로 향해 꽂힐 때는 그대로 지구 종말이 될 것이다.

과연 지구는 소행성 충돌로 끝장날 것인가? 그것이 신의 시나리오인가? 그것은 아무도 모른다. 다만 인류는 이 광포한 우주 속에서 오로지 우연과 행운, 그리고 신의 가호에 의지한 채 살아가야 할 나약한 존재라는 사실만은 확실한 듯하다.